BRANDON BROLL

Bilder: The Science Photo Library

# REISE DURCH DEN MIKRO KOSMOS

Die Welt durchs Mikroskop entdecken –
bei 20facher- bis 22-millionenfacher Vergrößerung

COPYRIGHT © DER ORIGINALAUSGABE
CLP PUBLISHING LTD, LONDON, GB, 2006

COPRYRIGHT © DER ITALIENISCHEN AUSGABE
TOURING EDITORE, 2006

EDITORIAL PROJECT: ANDREA GRANDESE
DESIGN: ANDREA DE PORTI

DEUTSCHE AUSGABE VERÖFFENTLICHT VON
NATIONAL GEOGRAPHIC DEUTSCHLAND
(G+J/RBA GMBH & CO KG), HAMBURG 2007

REPRODUKTIONEN, SPEICHERUNGEN IN DATENVERAR-
BEITUNGSANLAGEN ODER NETZWERKEN, WIEDERGABE
AUF ELEKTRONISCHEN, FOTOMECHANISCHEN ODER
ÄHNLICHEN WEGEN, FUNK ODER VORTRAG, AUCH
AUSZUGSWEISE, NUR MIT AUSDRÜCKLICHER GENEH-
MIGUNG DES COPYRIGHTINHABERS.

MITARBEITER AN DER DEUTSCHEN AUSGABE:
ÜBERSETZUNG: DR. ANDREA KAMPHUIS
LEKTORAT: MONIKA RÖSSIGER
LEKTORATSASSISTENZ: HELLA RADDATZ,
ALEXANDRA CARSTEN
WISSENSCHAFTLICHE BERATUNG: DR. MICHAEL
OCHEL, DR. ANDREAS POMMERENING-RÖSER,
PROF. DR. HILKE RUHBERG, DR. STEFAN SCHMIDT,
DETLEF SCHREIBER
SCHLUSSREDAKTION: KATHARINA HARDE-TINNEFELD,
BIRTE KAISER
TITELGESTALTUNG: LUTZ JAHRMARKT
PRODUKTIONSGRAFIK: SANDRA CORDES
HERSTELLUNG: DIRK BEYER

PRINTED IN ITALY BY AMILCARE PIZZI SPA, CINISELLO
BALSAMO (MAILAND)

ISBN 978-3-86690-013-4

DIE NATIONAL GEOGRAPHIC SOCIETY, EINE DER GRÖSSTEN
GEMEINNÜTZIGEN WISSENSCHAFTLICHEN VEREINIGUNGEN DER
WELT, WURDE 1888 GEGRÜNDET, UM «DIE GEOGRAPHISCHEN
KENNTNISSE ZU MEHREN UND ZU VERBREITEN». SEITHER
UNTERSTÜTZT SIE DIE WISSENSCHAFTLICHE FORSCHUNG UND
INFORMIERT IHRE MEHR ALS NEUN MILLIONEN MITGLIEDER
IN ALLER WELT. DIE NATIONAL GEOGRAPHIC SOCIETY INFOR-
MIERT DURCH MAGAZINE, BÜCHER, FERNSEHPROGRAMME,
VIDEOS, LANDKARTEN, ATLANTEN UND MODERNE LEHRMIT-
TEL. AUSSERDEM VERGIBT SIE FORSCHUNGSSTIPENDIEN UND
ORGANISIERT DEN WETTBEWERB NATIONAL GEOGRAPHIC BEE
SOWIE WORKSHOPS FÜR LEHRER. DIE GESELLSCHAFT FINAN-
ZIERT SICH DURCH MITGLIEDSBEITRÄGE UND DEN VERKAUF
DER LEHRMITTEL.

DIE MITGLIEDER ERHALTEN REGELMÄSSIG DAS OFFIZIELLE
JOURNAL DER GESELLSCHAFT: DAS NATIONAL GEOGRAPHIC-
MAGAZIN.

FALLS SIE MEHR ÜBER DIE NATIONAL GEOGRAPHIC SOCIETY, IHRE
LEHRPROGRAMME UND PUBLIKATIONEN WISSEN WOLLEN, NUT-
ZEN SIE DIE WEBSITE UNTER WWW.NATIONALGEOGRAPHIC.COM.

DIE WEBSITE VON NATIONAL GEOGRAPHIC DEUTSCHLAND
KÖNNEN SIE UNTER WWW.NATIONALGEOGRAPHIC.DE BESUCHEN.

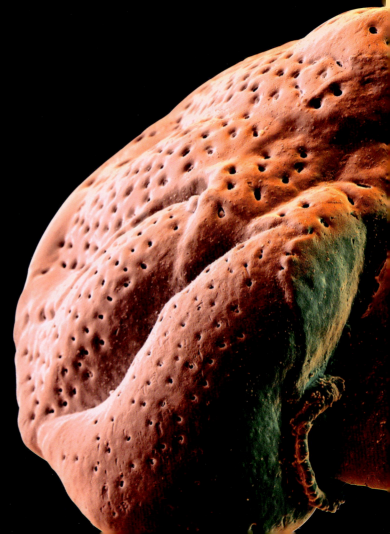

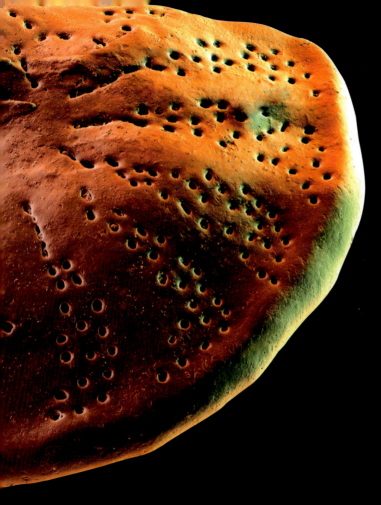

# Inhalt

- Vorwort .................................... 4
- I Mikroorganismen ...................... 6
- II Botanik ................................. 56
- III Der menschliche Körper ............ 140
- IV Zoologie ............................. 240
- V Mineralien ........................... 306
- VI Technik .............................. 352
- Bildnachweis .......................... 424

## Vorwort

Auf diesen Seiten zeigt sich, wie wichtig die Rasterelektronenmikroskopie (REM) ist, um die Feinstruktur von Objekten zu erforschen. Raffinierte neue Mikroskopiertechniken heben das Besondere des jeweiligen Forschungsgegenstands hervor, und durch eine geschickte Einfärbung bringen Bildbearbeiter die Wunder des Mikrokosmos zum Erstrahlen. Bis auf wenige Ausnahmen wurden alle Abbildungen in diesem Buch per REM erzeugt, denn für alle anderen Formen der Mikroskopie muss das Objekt in Scheibchen geschnitten oder zwischen Glasscheiben gequetscht werden, und die entstehenden Bilder sind flach und zeigen zumeist nur einen Ausschnitt des Ganzen, zum Beispiel unsere Fotos von Zellkulturen oder Vogelgrippeviren. Die REM dagegen liefert Bilder, die unserer Art zu sehen entspricht: dreidimensional. Im Elektronenmikroskop wird ein Objekt nicht von einem Licht-, sondern von einem Elektronenstrahl beleuchtet. Da dies nur im Vakuum möglich ist, muss das Objekt tot und speziell präpariert sein. Bei der REM tastet ein feiner Elektronenstrahl die Oberfläche ab und gibt dabei jedes Detail der komplexen Mikrowelt präzise wieder: zarte Härchen oder Poren in Blättern, die Silikatskelette winziger Algen oder die Feinstruktur vermeintlich simpler Dinge wie einer wasserfesten Substanz oder eines Glühfadens. Die REM dient natürlich nicht nur dazu, die Schönheit all dessen sichtbar zu machen, was für das bloße Auge zu klein ist, sondern erfüllt in der Biologie, Medizin oder Materialforschung wichtige Aufgaben. Der Biologe kann manche Mikroorganismen nur anhand ihrer filigranen Silikatschalen identifizieren, manche Pollen nur anhand ihrer Oberflächenstruktur. Der Mediziner kann die Verästelungen der langen Ausläufer einer Nervenzelle per REM dreidimensional betrachten, der Techniker Mängel auf einer CD entdecken.

Auch wenn es dem Betrachter nicht bewusst ist: Jedes dieser Bilder wurde eingefärbt. REM-Fotos sind schwarz-weiß, und es bedarf des Geschicks eines Künstlers, um sie durch Kolorierung lebhafter anmuten zu lassen, ohne die wissenschaftliche Präzision zu beeinträchtigen. Noch vor wenigen Jahren mussten die REM-Ausdrucke mit Farbgelen oder chemischen Pigmenten per Hand koloriert werden. Heute können wir dank ausgereifter Digitaltechniken nicht nur Unschärfen und Rauschen aus den Bildern entfernen, sondern durch Maskierung und die Arbeit in mehreren Ebenen auch subtile Farbverläufe und Schatten einfügen, die den Darstellungen ihre Natürlichkeit und Plastizität verleihen.

Nicht alle Bilder wurden naturgetreu eingefärbt. Oft dienen die Farben dazu, in komplizierten Gebilden wichtige Details hervorzuheben und das Ganze so leichter erfassbar zu machen. In anderen Fällen spiegelt eine vermeintlich natürliche Kolorierung nur unsere irrigen Erwartungen wider, so bei den Fotos aus unserem Körper. Manchmal dient eine angenehme Farbgebung auch nur dazu, den Marktwert eines Bildes zu erhöhen. Je nach Informationsbedarf kann der Betrachter nur die kurze Überschrift oder die längere Beschreibung und die Bildunterschrift lesen. Die Zahl vor dem großen X gibt die Vergrößerung an.

Und nun beginnt unsere Reise durch den faszinierend vielgestaltigen Mikrokosmos in uns und um uns herum.

*Brandon Broll*

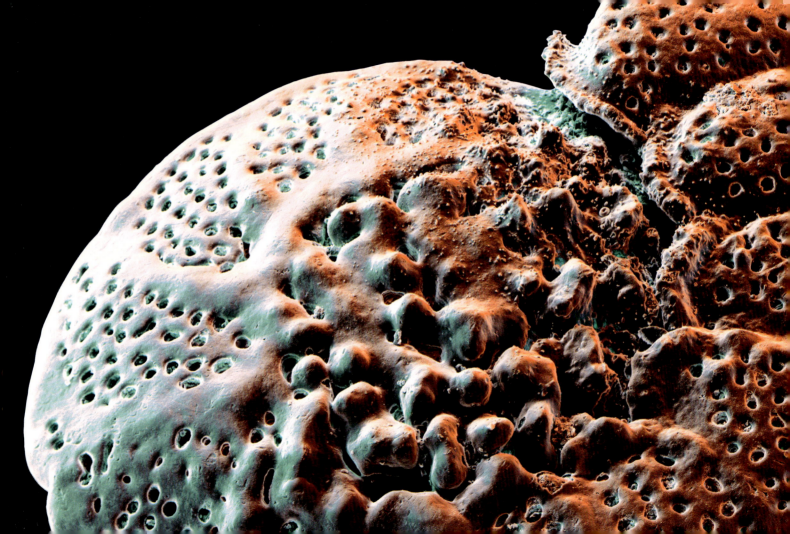

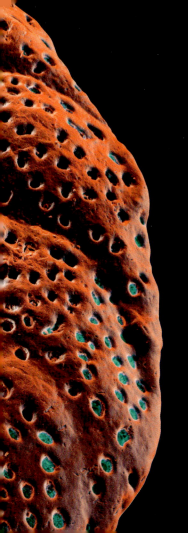

# I
# Mikroorganismen

# Wimperntierchen der Gattung Bresslauides

**DIE WINZIGEN WIMPERNTIERCHEN** (Ciliaten) leben im Wasser oder im Boden. Ihre Körper sind mit Wimpern (Cilien) bedeckt, mit deren Hilfe sie sich fortbewegen können. Sie ernähren sich von Bakterien und verwesendem organischen Material. So tragen sie zur Reinigung des Bodens oder Wassers bei, das sie durch spezialisierte Wimpern in ihren einfachen Zellmund (Zytostom) filtern, der hier als Schlitz erkennbar ist. Ciliaten sind in unserer Umwelt weit verbreitet. Oft leben sie in größeren Gruppen.

EINE GRUPPE VON WIMPERNTIERCHEN (BRESSLAUIDES DISCOIDEUS)

12000

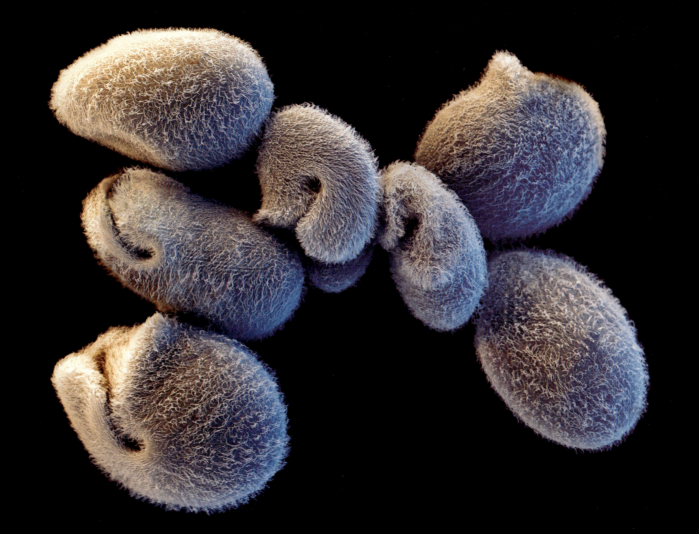

# Wimperntierchen der Gattung Blepharisma

**Dieser Einzeller** wird an den Universitäten in vielen Mikroskopierkursen verwendet. Er lebt im Süßwasser von Bakterien, anderen Mikroorganismen und abgestorbenem organischem Material. *Blepharisma* schwimmt mithilfe seiner winzigen Wimpern. Oben erkennt man Reihen längerer Wimpern, die zu sogenannten Membranellen verschmolzen sind und die Nahrung in den einfachen Zellmund (Zytostom) wirbeln. Das Urtierchen kann zu einer beachtlichen Größe heranwachsen.

EIN WIMPERNTIERCHEN (BLEPHARISMA AMERICANUM)

570

# Der Einzeller Euplotes

**DIESES OVALE URTIERCHEN** hat einen transparenten Körper mit weit offenem Zellmund (rechts). Ciliat oder Wimperntierchen heißt es wegen seiner haarartigen Cilien, mit denen es durchs Wasser schwimmt. Am Körper und im Mundbereich sieht man verschiedene Typen von Cirren, also Wimpernbüscheln, die gemeinsam schlagen. Oben rechts befindet sich ein weiterer Ciliat, den *Euplotes* vielleicht zu verschlingen versucht. Ciliaten leben von Bakterien, anderen Mikroorganismen und organischen Überresten.

EINZELLER DER GATTUNG EUPLOTES LEBEN SOWOHL IM SÜSS- ALS AUCH IM SALZWASSER.

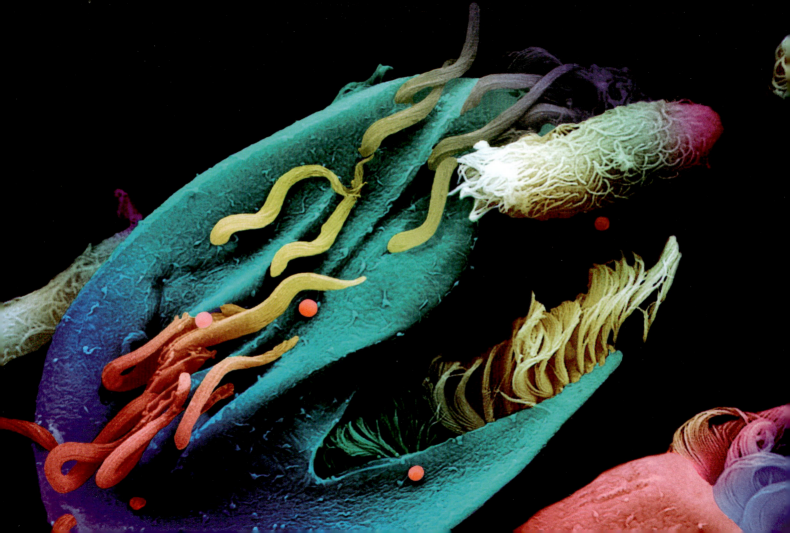

# Didinium greift ein Pantoffeltierchen an

**Beide urtierchen** sind durch ihre haarartigen Cilien oder Wimpern als Ciliaten ausgewiesen. Die beiden Wimpernkränze des fassförmigen *Didinium* dienen der Fortbewegung; mit den Cilien seines großen Mundes greift und prüft es seine Beute. Das Pantoffeltierchen (*Paramecium*) ist über und über mit Wimpern zur Fortbewegung bedeckt. *Didinium* hat das fast doppelt so lange Pantoffeltierchen gedreht, um es mit seinem dehnbaren Mund verschlingen zu können.

EINZELLIGES DIDINIUM (BRAUN) GREIFT EINZELLIGES PARAMECIUM (BLAU) AN.

2000

# Das Urtierchen Dendrocometes

DIESER EINZELLER LEBT IN DEN KIEMEN VON SÜSSWASSERFISCHEN und ernährt sich von Partikeln, die er mit seinen verzweigten Tentakeln einfängt. Da *Dendrocometes paradoxus* vor allem in Gewässern lebt, die wenig organisch belastet sind, gilt er als Bioindikator für den Reinheitsgrad des Wassers. Protozoen wie *Dendrocometes* werden außerdem in biotechnologischen Forschungsabteilungen untersucht, wo sie zunehmend an Bedeutung gewinnen.

DER EINZELLER DENDROCOMETES PARADOXUS

950

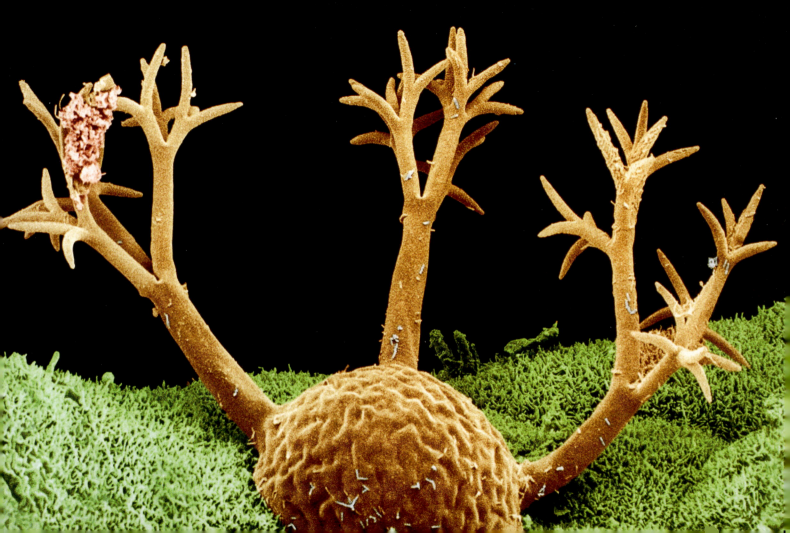

# Phytoplankton mit Kalkschale

**Diese kleine Alge,** eine *Coccolithophore*, ist von einer Coccosphäre umhüllt, einem Panzer aus Coccolithen (Kalziumkarbonat-Plättchen). Stirbt die Zelle, lösen sich die Plättchen und sinken auf den Meeresboden, wo sich riesige Mengen ansammeln. Manche Gesteinsformationen – wie die Kreidefelsen von Dover oder Rügen – bestehen fast ausschließlich aus ihnen.

**DIE ALGE EMILIANA HYXLEYI FINDET MAN IN MARINEN ÖKOSYSTEMEN WELTWEIT.**

18500

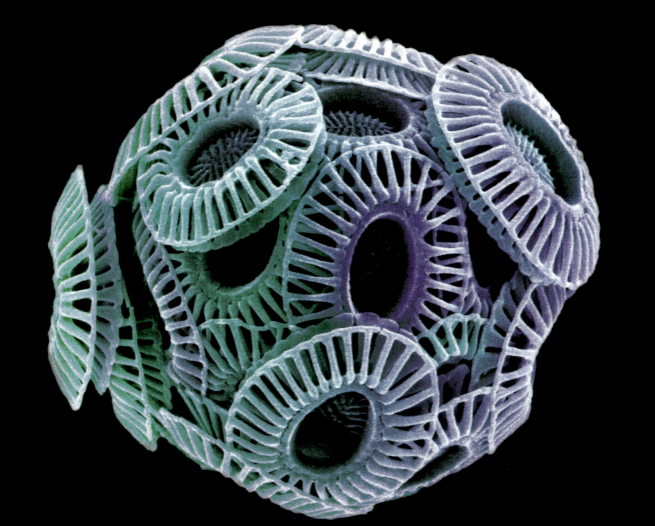

# Plankton-Zellwand

**Diese Alge zählt zu den Coccolithophoriden,** was man an den Kalziumkarbonat-Plättchen erkennt, in die sich die Zelle in ihrem Ruhestadium hüllt. Dann treibt sie passiv im Wasser, aber sie hat auch ein bewegliches Stadium, in dem sie mithilfe einer Geißel schwimmt. Solche Zellen können im Meer unter bestimmten Bedingungen riesige Algenblüten bilden.

DIE MINERALISIERTE ZELLWAND EINER PLANKTONISCHEN ALGE (CORONOSPHAERA MEDITERRANEA) BESTEHT AUS GEOMETRISCHEN PLÄTTCHEN.

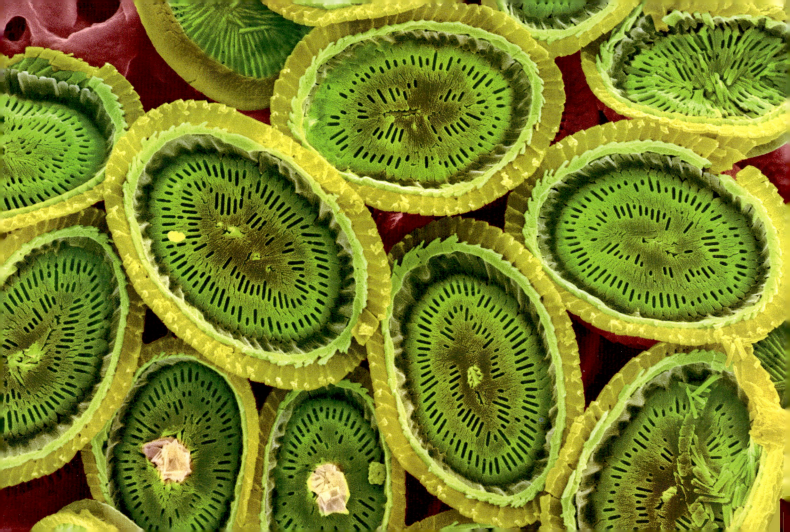

# Strahlentierchen

STRAHLENTIERCHEN (RADIOLARIEN) sind Einzeller im Meeresplankton. Die Fotos auf den folgenden Seiten geben einen Eindruck von der enormen Formenvielfalt ihrer Siliziumdioxid-Skelette. Dieses sternförmige Skelett hat in der Mitte eine Kugel, durch deren Löcher die lebende Zelle (nicht im Bild) ihre protoplasmatischen Scheinfüßchen (Pseudopodien) steckt. Daran bleiben Nahrungspartikel kleben, während der Einzeller durchs Meer treibt.

MITTELTEIL DES SKELETTS EINER STERNFÖRMIGEN RADIOLARIE

1150

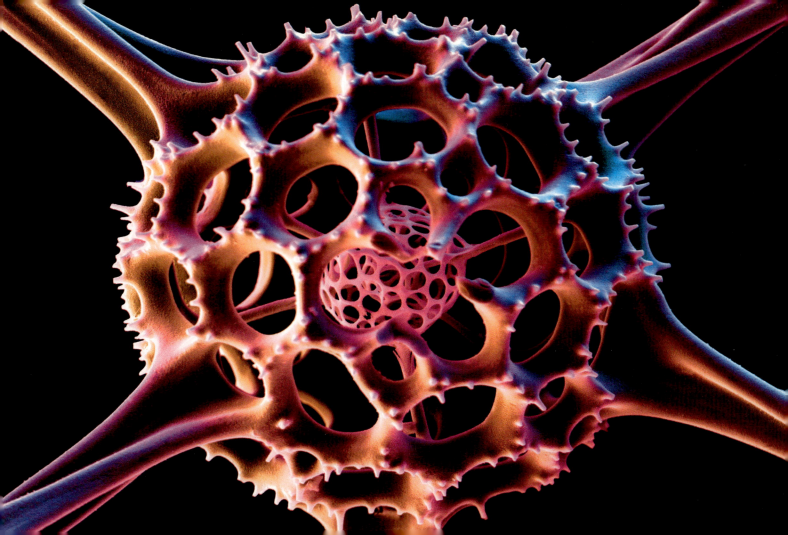

# Strahlentierchen

DIE ZAHLREICHEN STRAHLENTIERCHEN (RADIOLARIEN) sind ein wichtiges Glied in der Nahrungskette des marinen Planktons. Sie treiben im Salzwasser und steuern ihren Auftrieb durch leichte Öltröpfchen in ihrem Protoplasma (nicht im Bild). Durch Ausscheidungen bauen die Zellen harte Silikatskelette auf. Riesige Mengen dieser Hüllen sammeln sich am Meeresboden als Radiolarienschlamm an und verfestigen sich allmählich zu Mineralien wie Feuerstein.

APART GEFORMTE HÜLLE EINES AMPHORENFÖRMIGEN STRAHLENTIERCHENS

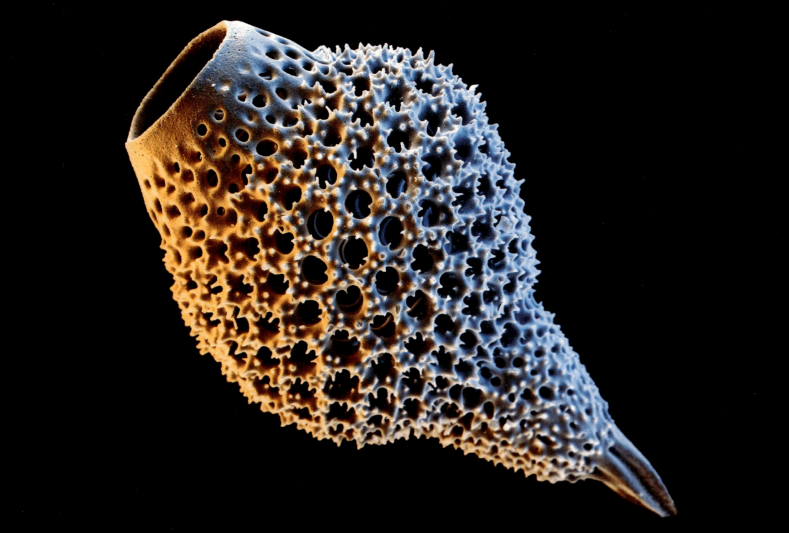

# Strahlentierchen

**BIOLOGEN KÖNNEN MEIST NUR ANHAND DER GESTALT DES SILIKATSKELETTS BESTIMMEN,** welche der Tausende von Radiolarien-Arten sie vor sich haben. Vor vielen Jahren hat der berühmte Biologe Ernst Haeckel diese winzigen Einzeller mit seinem prächtig illustrierten Buch „Kunstformen der Natur" weltweit bekannt gemacht. Kein Wunder, dass diese Geschöpfe im Meeresplankton einem Naturwissenschaftler wie Kunstwerke vorkamen.

DIE STACHELBEWEHRTE, FILIGRANE OBERFLÄCHE EINES RADIOLARIEN-SKELETTS

1000x

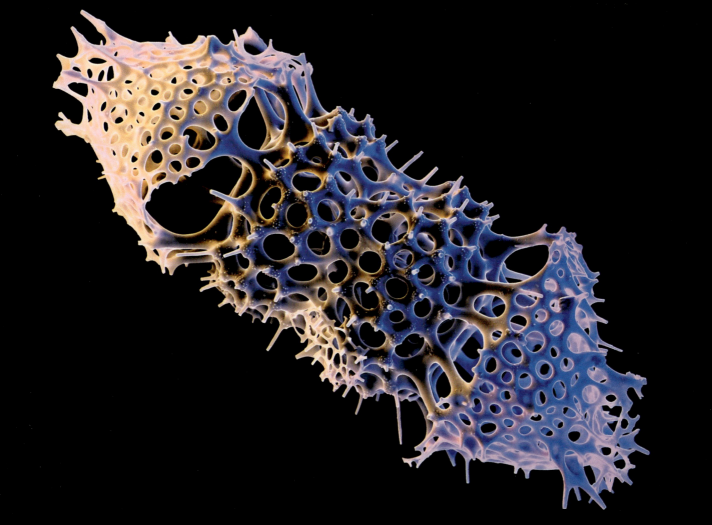

# Kammerling (Foraminifere)

**Diese Einzeller, Verwandte der Amöben,** leben im Meer; entweder im Plankton oder am Boden. Sie hausen in Kalkschalen, an die sie neue Kammern anbauen, wenn sie wachsen. Durch die Poren in den Schalen strecken sie ihre haarfeinen Scheinfüßchen (nicht im Bild) heraus. Mit deren Hilfe fangen sie winzige Organismen wie Kieselalgen, von denen sich die Foraminiferen ernähren.

FORAMINIFEREN BAUEN UND BEWOHNEN SCHALEN, DIE AUS MEHREREN KAMMERN BESTEHEN.

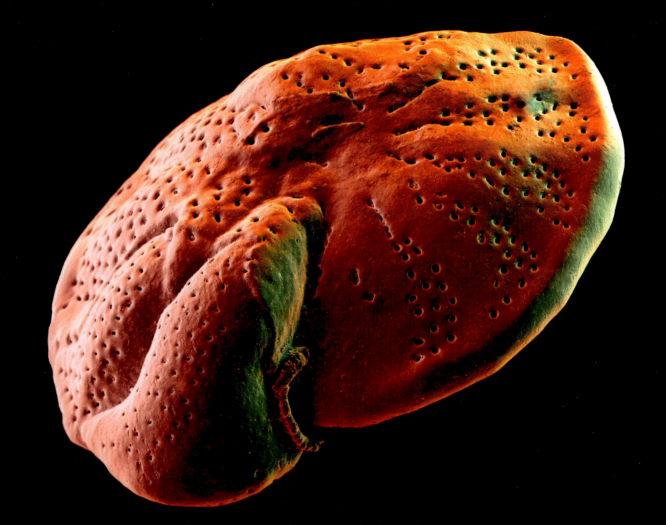

# Phytoplankton mit Kalkschale

**DIESE EINZELLER BAUEN** durch ihre Ausscheidungen Gehäuse mit winzigen Löchern, durch die sie ihre Scheinfüßchen (nicht im Bild) stecken, um Nahrung aufzunehmen. Die Schalen sammeln sich am Meeresboden und sind ein Hauptbestandteil von Kreide. In früheren geologischen Zeitaltern waren Foraminiferen so zahlreich, dass ihre größtenteils aus Kalziumkarbonat bestehenden Gehäuse dicke Sedimentschichten bildeten, aus denen Kalkstein entstand.

EINE SPIRALFÖRMIGE FORAMINIFEREN-SCHALE MIT MEHREREN KAMMERN UND VIELEN POREN

400x

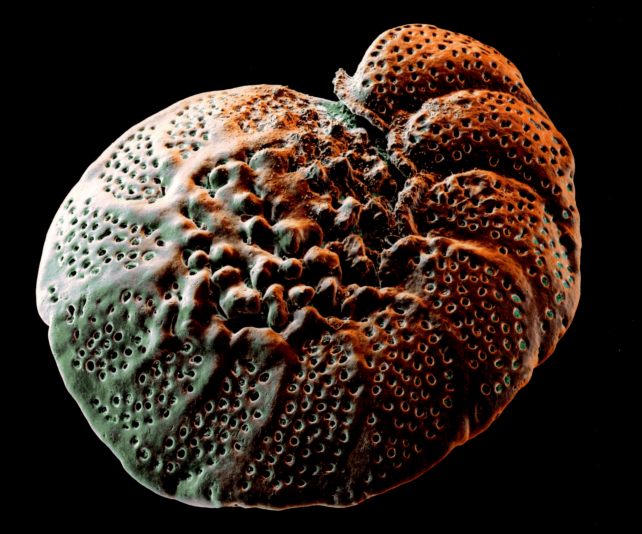

# Bakterien auf der Zunge

**Hier sieht man runde (kokkenförmige)** und längliche (bazillenförmige) Bakterien gemeinsam mit Lebensmittelresten im Mund. Wenn sie sich stark vermehren, können Bakterien einen sichtbaren Belag auf der Zunge bilden. Der Mund beherbergt zahlreiche Bakterienarten, von denen die meisten nützlich und ungefährlich sind. Manche Bakterienarten können jedoch Halsentzündungen verursachen oder auf den Zähnen Biofilme (Plaques) bilden und auf diese Weise die Kariesbildung fördern.

BAKTERIEN AUF DER OBERFLÄCHE EINER MENSCHLICHEN ZUNGE

23000

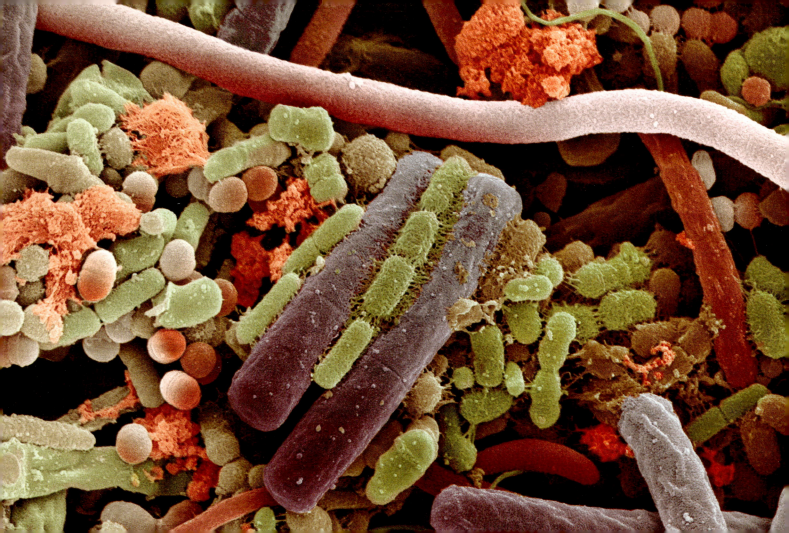

# Magengeschwür-Erreger

**KOLONIEN DIESER GRAMNEGATIVEN,** stäbchenförmigen Bakterien finden sich in der Magenschleimhaut vieler Menschen mittleren Alters. Sie werden sowohl mit Gastritis (Magenschleimhautentzündung) als auch mit Magengeschwüren in Verbindung gebracht. *Helicobacter pylori* kann auch zu Magenkrebs beitragen: Ein Befall erhöht das Risiko der Tumorentstehung. *Helicobacter pylori* kann mit Antibiotika bekämpft werden.

BAKTERIEN DER ART HELICOBACTER PYLORI (ROSA) AUF DER MAGENSCHLEIMHAUT

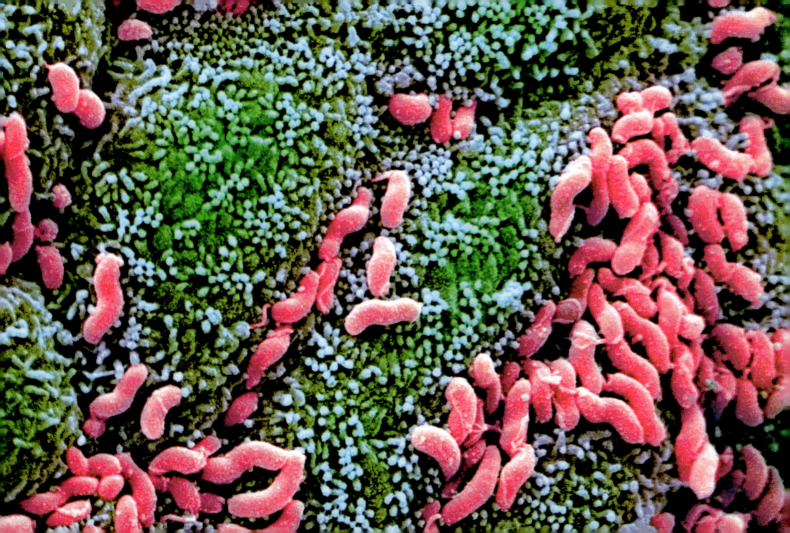

# Escherichia coli

**KOLIBAKTERIEN ZÄHLEN ZU DEN NORMALEN BEWOHNERN** des menschlichen (und tierischen) Darms. Diese schnell wachsenden Bakterien können sich unter optimalen Bedingungen alle 20 Minuten einmal teilen. Da die Zellen außerhalb des Darms längere Zeit überleben, dienen sie als Indikatoren für fäkale Verunreinigungen, zum Beispiel von Wasser. Dieses Bakterium wird in der mikrobiologischen, biochemischen und genetischen Forschung eingesetzt. Es gilt als der am besten untersuchte Vertreter der großen und bedeutenden Gruppe der Bakterien.

ESCHERICHIA COLI (KURZ E. COLI) – STÄBCHENFÖRMIGE, GRAMNEGATIVE BAKTERIEN

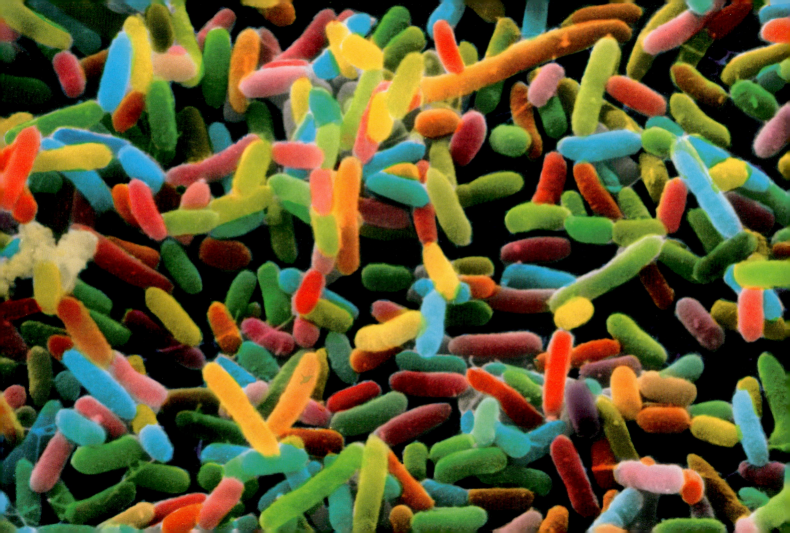

# Makrophage und E. coli

**Makrophagen oder Fresszellen sind weisse Blutkörperchen,** die Krankheitserreger und tote Zellen unschädlich machen, indem sie sie umschließen. Dieser Prozess wird als Phagozytose bezeichnet. Kolibakterien leben im Darm der meisten Säugetiere und sind normalerweise ungefährlich. Bestimmte Stämme dieser Bakterienart (zum Beispiel EHEC) können jedoch Erkrankungen verursachen.

EIN MAKROPHAGE ODER WEISSES BLUTKÖRPERCHEN (GELB) BEWEGT SICH AUF EIN BAKTERIUM DER ART ESCHERICHIA COLI (WEISSES STÄBCHEN, UNTEN LINKS) ZU.

8300

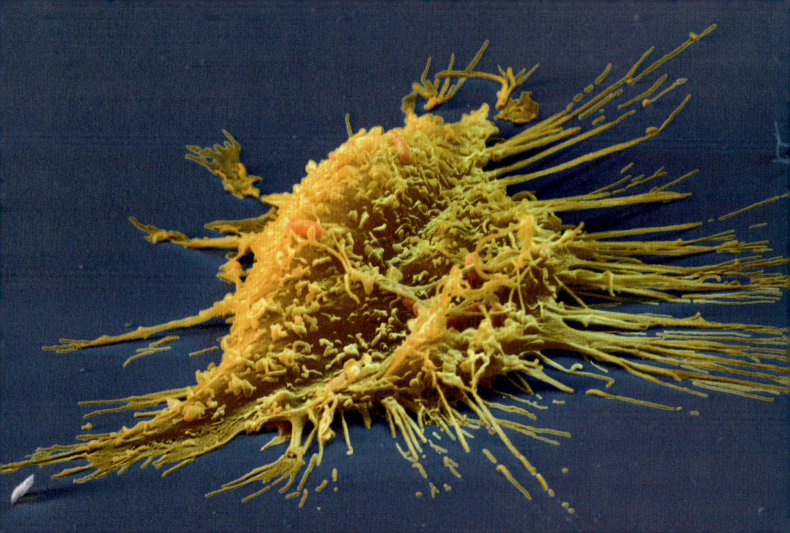

# Makrophagen fressen E. coli

**MAKROPHAGEN SIND EIN WICHTIGER BESTANDTEIL** des Immunsystems und patrouillieren durch das Bindegewebe und die Blutbahn. Sie haben eine Vielzahl von Aufgaben. Eine davon ist die unspezifische Immunantwort, bei der sie als „schnelle Eingreiftruppe" fungieren. Treffen sie auf einen potenziellen Krankheitserreger, in diesem Fall eine Bakterienzelle, machen sie ihn unschädlich, indem sie diesen umfließen und verdauen (Phagozytose).

WEISSE BLUTKÖRPERCHEN (MAKROPHAGEN, GELB) VERSCHLINGEN ESCHERICHIA COLI (ROTE STÄBCHEN).

3000

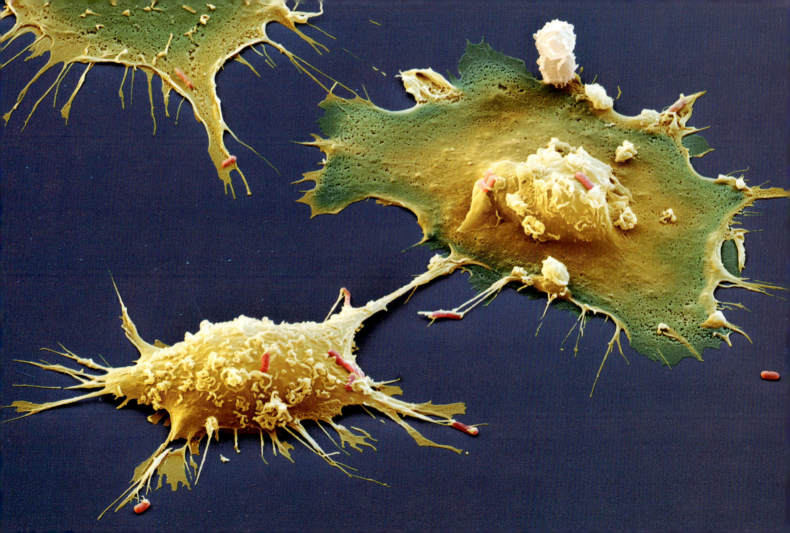

# Makrophage umschließt E. coli

DIE BEIDEN STÄBCHENBAKTERIEN DER ART E. COLI sind erheblich kleiner als der angreifende Makrophage (oben), dessen Scheinfüßchen sich vom Zellkörper in Richtung der Bakterien bewegen, diese berühren und dann umschließen. Im Inneren des Makrophagen werden die Bakterienzellen durch Enzyme verdaut. Makrophagen können neben dieser Funktion auch andere Zellen des Immunsystems stimulieren.

AUSSCHNITT EINES WEISSEN BLUTKÖRPERCHENS (GELB) BEI DER PHAGOZYTOSE ZWEIER KOLIBAKTERIEN (ROTE STÄBCHEN)

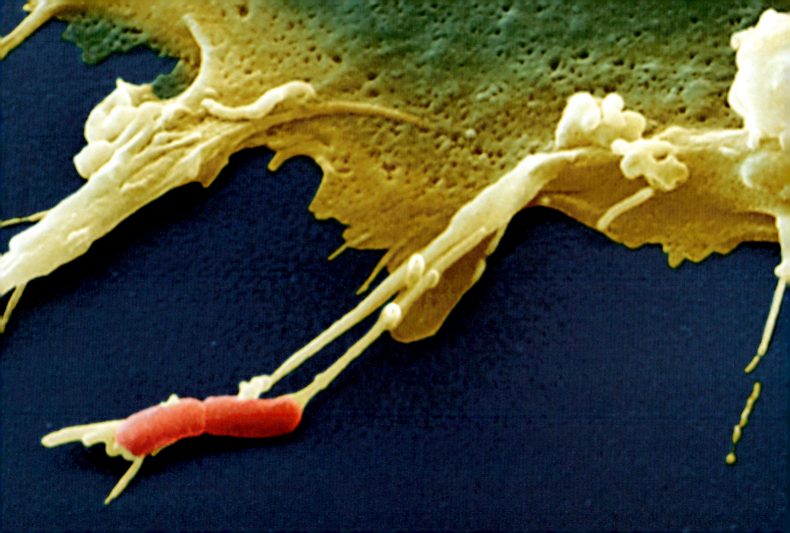

# T-Bakteriophagen auf E. coli

**T-BAKTERIOPHAGEN SIND SPEZIALISIERTE VIREN,** die Kolibakterien infizieren können. Die Viren docken an die Bakterienzellwand an. Über die Andockstelle injizieren sie ihr Erbgut in die Wirtszelle. Dieses virale Erbgut übernimmt das Kommando über die genetische Maschinerie der Zelle und zwingt sie, neue Bakteriophagen herzustellen.

T-BAKTERIOPHAGEN (BLAU) BEI DER INFEKTION EINES KOLIBAKTERIUMS. DUTZENDE VIREN, JEWEILS AUS EINEM KOPF UND EINEM SCHWANZ BESTEHEND, HABEN SICH FESTGESETZT.

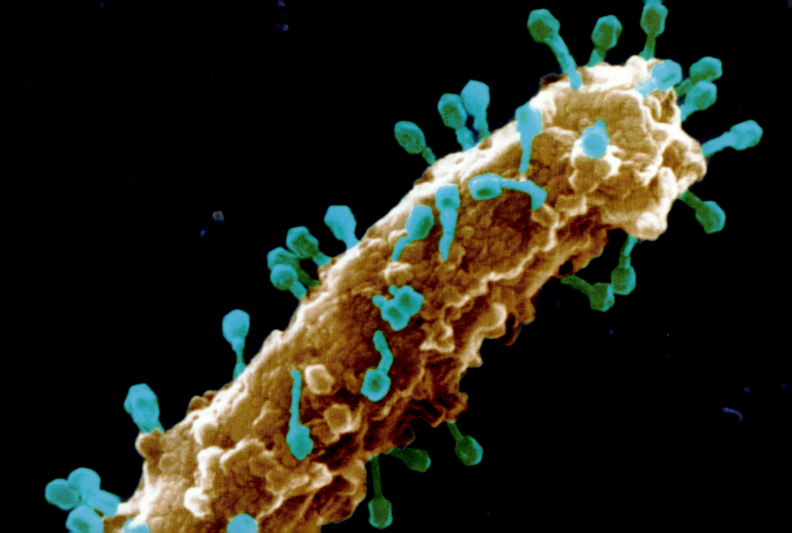

# Aids-Viren

**Die Oberfläche einer T-Zelle,** eines zum Immunsystem gehörenden weißen Blutkörperchens, hat stets große, unregelmäßige Ausstülpungen. Die kleineren kugelförmigen Gebilde auf der Zelloberfläche sind HI-Viren, welche die Zellmembran durchdringen. Das Virus hat die T-Zelle infiziert und sie so umprogrammiert, dass sie zahlreiche weitere Viren herstellt. Beim „Schlüpfen" der neuen Viren stirbt die T-Zelle ab. Der T-Zellen-Mangel im Blut ist die Hauptursache der Immunschwäche.

DIESER T-LYMPHOZYT (GRÜN) IST MIT DEM HI-VIRUS (HUMANES IMMUNDEFIZIENZ-VIRUS, ROT) INFIZIERT, DEM AIDS-ERREGER.

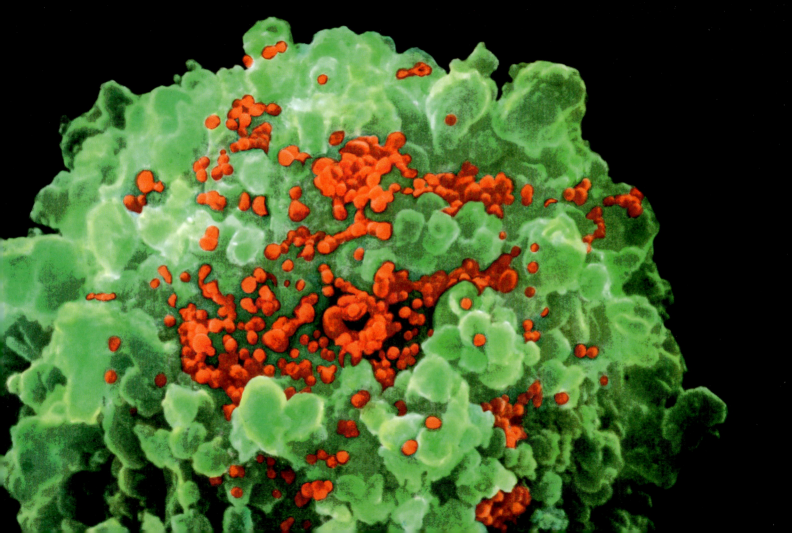

# Adenoviren

ADENOVIREN VERURSACHEN „ERKÄLTUNGEN", also Infektionen der oberen Atemwege. Die Viren sind winzig; der Kopf, der die DNA enthält, hat einen Durchmesser von nur 80 Nanometern. Adenoviren-Infektionen sind vor allem bei Kindern häufig. Vermutlich hat das Virus auch etwas mit der Umwandlung von normalen Zellen in Tumorzellen zu tun. Die ersten Adenoviren wurden aus menschlichen Rachenmandeln (Adenoiden) isoliert.

ADENOVIREN (GELB) AUF DER OBERFLÄCHE EINES ROTEN BLUTKÖRPERCHENS VOM HUHN

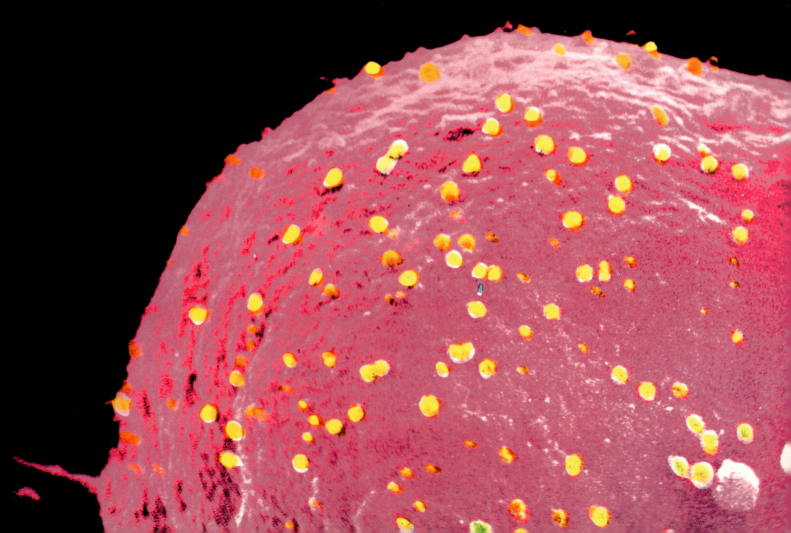

# Coronaviren

**CORONAVIREN LÖSEN KRANKHEITEN** wie Magen-Darm-Entzündung (Gastroenteritis) oder SARS (schweres akutes Atemwegssyndrom) aus. Die potenziell tödliche Krankheit SARS trat erstmals 2002 in China auf. Seinen Namen verdankt das Coronavirus einer Krone (lat. corona) aus Oberflächenproteinen, mit denen die Viruspartikel an die Wirtszelle andocken. Sie dringen in die Zelle ein und nutzen deren Mechanismus zur Biosynthese, um das Virus zu vervielfältigen. Die Viruskopien werden freigesetzt, wobei die Zelle abstirbt. Die frei werdenden Viruspartikel können neue Zellen infizieren.

CORONAVIREN (GELB) AUF DER OBERFLÄCHE EINER WIRTSZELLE (BLAU)

42000

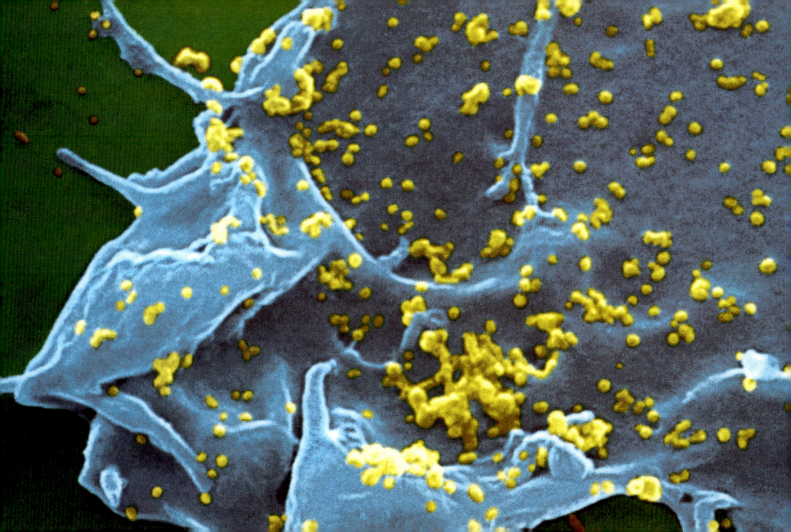

# Vaccinia-Viren

**DIE NUKLEOKAPSIDE (KAPSELN, GRÜN)** haben die DNA (Desoxyribonukleinsäure, orange) der Viren ins Zytoplasma der infizierten Zelle freigesetzt. Die Golgi-Apparate der Zelle (gelb) produzieren neue Virenkapseln. Der Erreger gehört zu den Orthopoxviren und löst Kuhpocken aus, die sich bei Menschen als harmlose Hautknötchen äußern. 1796 impfte Edward Jenner mit ihm erstmals Menschen gegen die tödlichen Pocken.

VACCINIA-VIREN VERMEHREN SICH IM ZYTOPLASMA IHRER WIRTSZELLE.
AUFNAHME MIT DEM TRANSMISSIONSELEKTRONENMIKROSKOP

126000

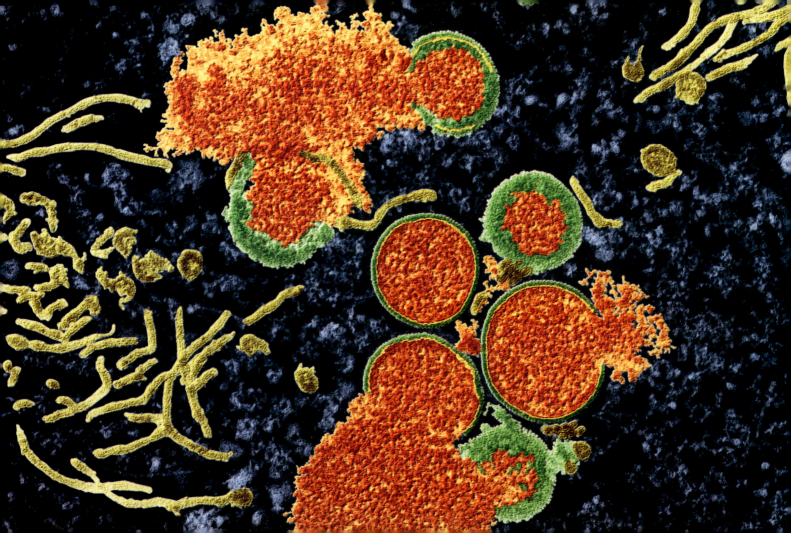

# Vogelgrippe-Viren

**H5N1 IST EIN TÖDLICHER STAMM DES VOGELGRIPPE-ERREGERS,** der normalerweise Geflügel befällt. 1997 erkrankten in Hongkong erstmals auch Menschen an H5N1; sechs der 18 Patienten starben. Weltweit registrierte die Weltgesundheitsorganisation WHO bis Oktober 2006 rund 150 Todesfälle durch Vogelgrippe. Die Infektion erfolgt durch direkten Kontakt mit befallenen Hühnern. Zugvögel können das Virus um die Welt transportieren. Falls das H5N1 so mutiert, dass es von Mensch zu Mensch übertragen werden kann, könnten weltweit Millionen Menschen sterben. Bei den blauen Zellen im Bild handelt es sich um Hundenierenzellen, die zur Impfstoffherstellung und Virusforschung eingesetzt werden.

PARTIKEL DES AVIÄREN INFLUENZAVIRUS A (ROT) ZWISCHEN KULTURZELLEN (BLAU). AUFNAHME MIT DEM TRANSMISSIONSELEKTRONENMIKROSKOP

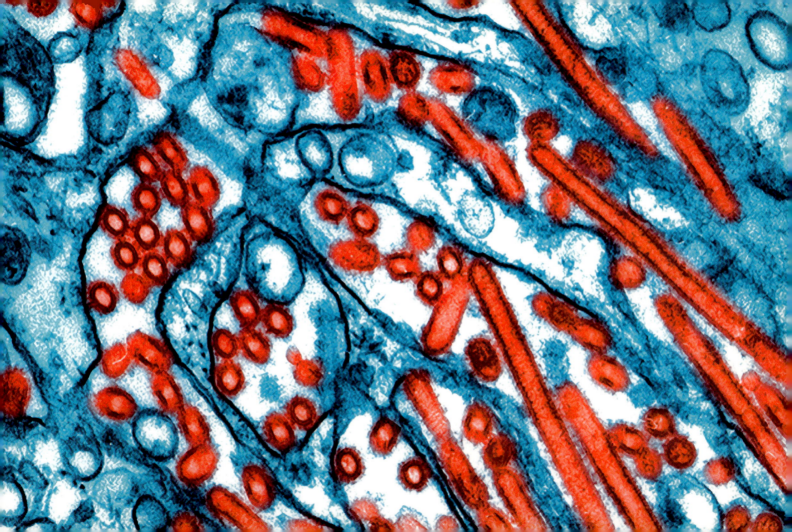

# II
# Botanik

# Kieselalgen

**KIESELALGEN (DIATOMEEN)** zeichnen sich durch eine enorme Formen- und Größenvielfalt aus und umfassen rund 10000 Arten. Die einzelligen Algen, die zum pflanzlichen Plankton gehören, sind das erste Glied der Nahrungsketten im Meer und im Süßwasser. Ihre Schalen sind zart gemustert und mit winzigen Löchern (Striae) perforiert. Dieses Bild illustriert den Formenreichtum, aber auch die Tatsache, dass es nur zwei Grundgestalten gibt: rund (zentrisch) und länglich (pennat).

EINE AUSWAHL AN DIATOMEEN, DARUNTER EINIGE RADIOLARIEN UND FORAMINIFEREN

# Kieselalgen

**Kieselalgen sind einzellige,** Photosynthese treibende Algen, die sowohl im Meer als auch im Süßwasser vorkommen. Charakteristisch ist ihre filigran gemusterte, glasartige Zellwand oder Frustel, deren Hälften wie Boden und Deckel einer Schachtel ineinanderstecken. Die Frustel ist oft mit Reihen winziger Löcher namens Striae überzogen. Hier sieht man den „Deckel" einer der pennaten (länglichen) Arten, bei denen die Löcher symmetrisch zur Längsachse angeordnet sind.

MINERALISIERTE ZELLWAND DER PENNATEN DIATOMEE MASTOGLOIA SPLENDIDA

# Kieselalgen

**KIESELALGEN TREIBEN IM SÜSS- ODER SALZWASSER** und gehören somit zum Plankton. Jede der winzigen Algen besteht aus einer einzigen Zelle, deren komplex aufgebaute, silikathaltige Zellwand (Frustel) ihr Schutz und Halt gibt. Durch die winzigen Löcher (Striae) hält die Zelle die Verbindung mit der Außenwelt. In dieser runden (zentrischen) Diatomee gehen die Löcher strahlenförmig von der Mitte aus und bilden so ein Sternmuster.

**GEMUSTERTE ZELLWAND EINER ZENTRISCHEN KIESELALGE**

# Schimmelpilz der Gattung Aspergillus

**DER PILZ BESTEHT AUS PILZFÄDEN** (Hyphen, grau), von denen einige senkrecht nach oben wachsen und an der Spitze Fruchtkörper (braun) ausbilden. Diese bestehen aus Reihen von Sporen, die vom Wind davongetragen werden. Beim Menschen kann es durch Inhalation der Sporen zu Atemwegserkrankungen kommen, die als Aspergillosen bezeichnet werden. *Aspergillus fumigatus* wächst normalerweise auf abgestorbenem organischen Material.

FRUCHTKÖRPER DES SCHIMMELPILZES ASPERGILLUS FUMIGATUS

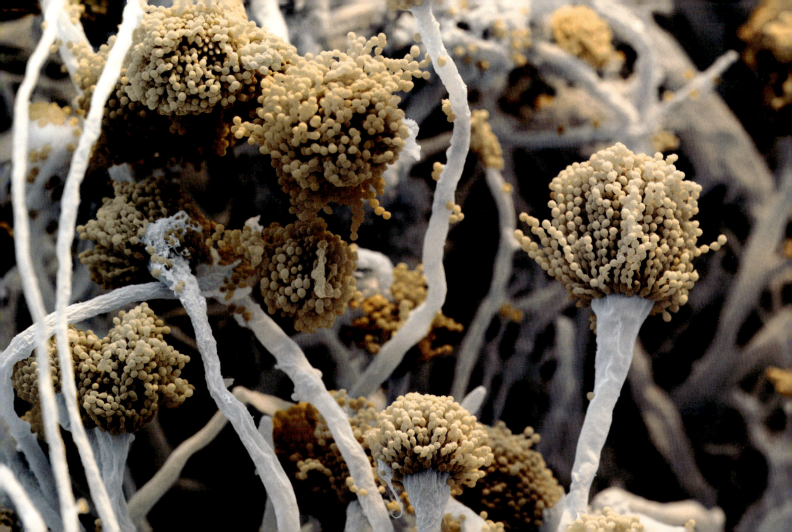

# Pilzsporen

**Sporen sind die Fortpflanzungszellen,** die Pilze in ihren Fruchtkörpern bilden und dann freisetzen. In diesem Fall handelt es sich um einen Ständerpilz, bei dem die Sporen an Lamellen an der Unterseite des Huts gebildet werden. Das Bild hier zeigt den Zuchtchampignon, einen beliebten Speisepilz.

RUNDE SPOREN (BRAUN) DES CHAMPIGNONS AGARICUS BISPORUS

6900

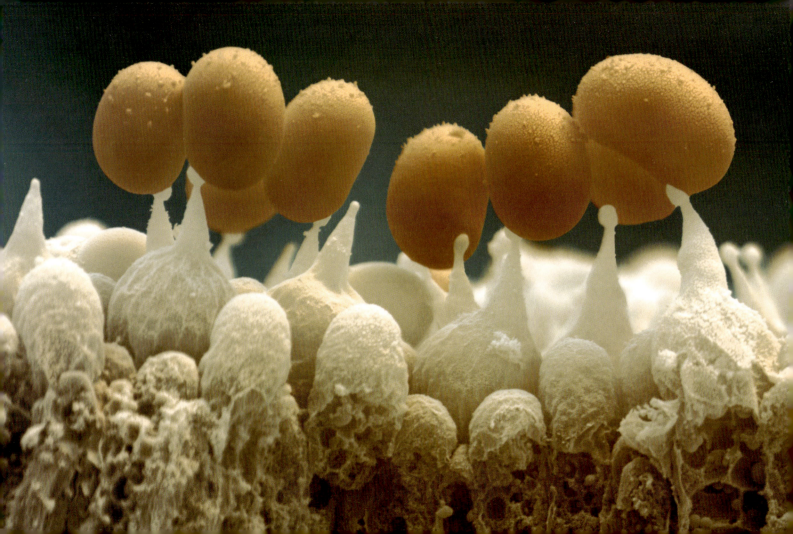

# Flechten

FLECHTEN SIND SYMBIOTISCHE LEBENSGEMEINSCHAFTEN aus einem Pilz und einer Alge, die aufeinander angewiesen sind. Die Alge wird vom Hyphengeflecht des Pilzes umschlossen und ist so vor Trockenheit und intensivem Licht geschützt. Sie betreibt Photosynthese und versorgt den Pilz mit einem Teil der dabei hergestellten Nährstoffe. Flechten leben auf Baumstämmen, Böden oder Felsen, wachsen langsam und erreichen oft ein immenses Alter.

DIE TELLERFÖRMIGEN GEBILDE SIND DIE FRUCHTKÖRPER (APOTHECIEN) DER FLECHTE UND ENTHALTEN DIE SPOREN.

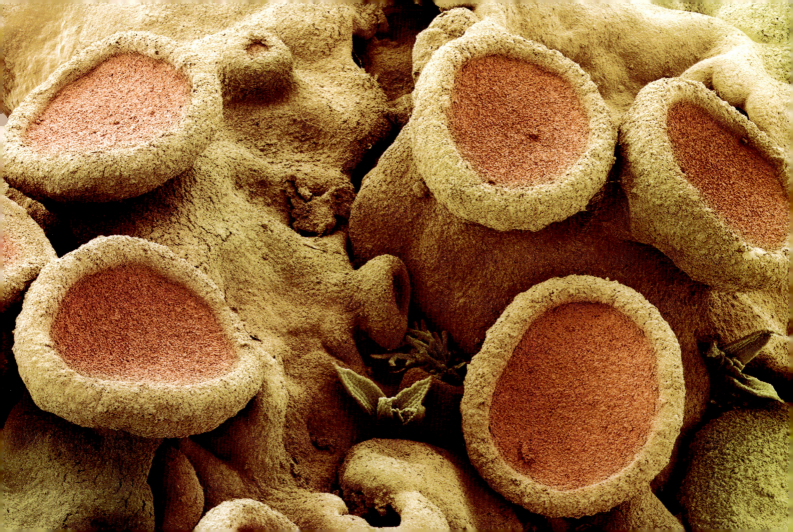

# Sporenkapsel eines Mooses

Auch moose vermehren sich in einer Phase ihres Lebenszyklus durch Sporen (kleine rosafarbene Kugeln). Die Sporen werden fortgeschleudert, wenn der Strahlenkranz (hellbraun) um die Kapselöffnung aufschnellt. Die Stiele, die die Kapsel tragen, sind bei Trockenheit spiralig zusammengerollt und strecken sich bei Feuchtigkeit. Laubmoose wachsen häufig auf Brandstellen und auf alkalischen Böden.

TEIL EINER GEÖFFNETEN SPORENKAPSEL DES LAUBMOOSES FUNARIA HYGROMETRICA

# Sporen des Königsfarns

**Der Königsfarn oder gewöhnliche Rippenfarn** bildet seine Sporenwedel nicht wie andere Farne im Frühjahr oder Sommer aus, sondern im Herbst. Diese unterscheiden sich deutlich von den sterilen Wedeln und sind über und über mit Sporenträgern bedeckt. Die darin enthaltenen Sporen sind flügelförmig, sodass der Wind sie leicht forttragen kann. Wenn sie nicht auf feuchten Grund fallen, sterben sie nach höchstens zwei Tagen ab. Königsfarn wächst an Bächen, in Sümpfen und an anderen feuchten Stellen.

DREI SPOREN DES KÖNIGSFARNS (OSMUNDA REGALIS)

12000

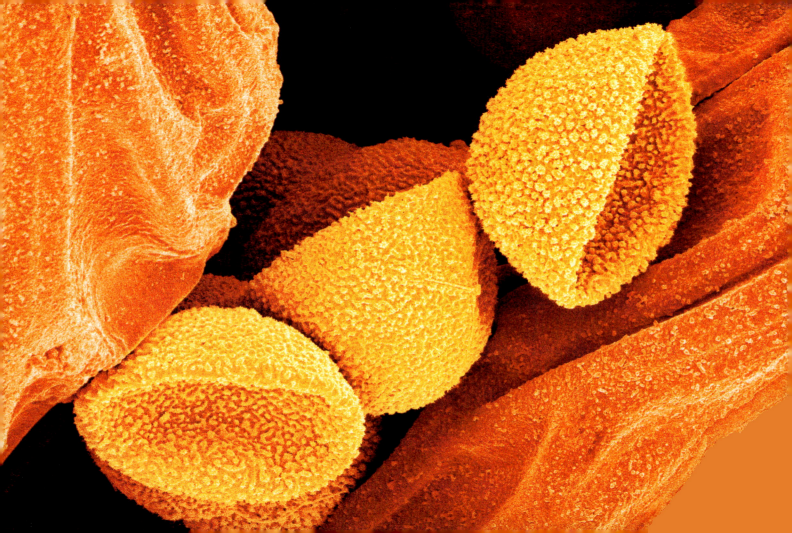

# Wurzelknöllchen

**Wurzelknöllchen sind das sichtbare Ergebnis** einer Symbiose zwischen einer Pflanze und einem Bakterium. Die Knöllchenbakterien überführen den molekularen Stickstoff aus der Luft in eine für die Pflanze verwertbare Form. Die Pflanze braucht Stickstoff für die Herstellung von Aminosäuren, den Bausteinen der Eiweiße. Sie kann ihn aber selbst nicht binden. Im Gegenzug versorgt sie die Bakterien mit energiereichen Kohlenhydraten aus der Photosynthese. Bakterien sind die einzigen Lebewesen, die Luftstickstoff enzymatisch fixieren können.

WURZELKNÖLLCHEN EINER ERBSE (PISUM SATIVUM), DAS DURCH DAS BODENBAKTERIUM RHIZOBIUM **LEGUMINOSARUM** INDUZIERT WURDE

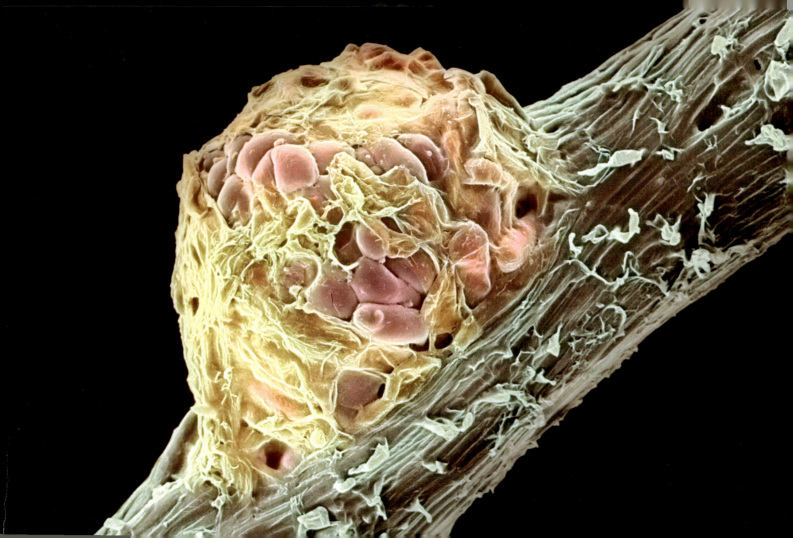

# Schwertlilienwurzel

**EIN WEISSER ZELLRING, DIE ENDODERMIS,** grenzt den Zentralzylinder vom rosafarbenen Rindengewebe ab. Im Inneren werden Wasser und Mineralstoffe durch große, hohle Xylem- und kleinere Protoxylemgefäße (weiß) aus der Wurzel in den Rest der Pflanze gesaugt. Gruppen von Phloemzellen (dunkelviolett) transportieren Zucker in die Gegenrichtung, von den Blättern in die Wurzel. Diese Anordnung von Gefäßen ist typisch für einkeimblättrige Pflanzen wie *Iris germanica*, auch als Schwertlilie bekannt.

QUERSCHNITT EINER SCHWERTLILIENWURZEL UNTER DEM POLARISATIONSMIKROSKOP: TRANSPORTGEWEBE IM ZENTRALZYLINDER

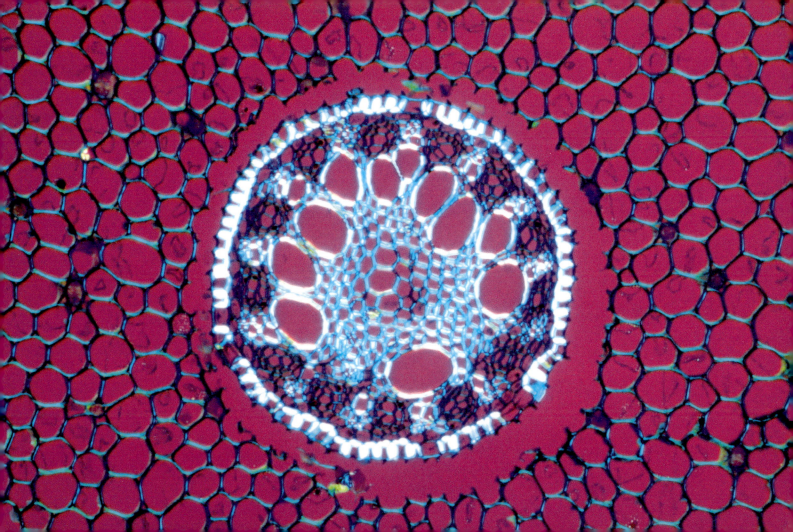

# Sprossachse einer Taubnessel

D ER ZENTRALE HOHLRAUM entsteht durch den Zusammenbruch dünnwandiger Markzellen. Um ihn herum liegen unspezialisierte Rindenzellen, das Rindenparenchym (gelb und blau). Leitbündel (rot) – je ein großes an den vier Ecken und ein kleineres auf halber Strecke dazwischen – transportieren Wasser und Nährstoffe. In den Ecken, an den mechanisch effektivsten Stellen, erkennt man kleine Kollenchymzellen (Festigungsgewebe, grün). Die Haare sollen Insekten davon abhalten, den Stengel hinaufzuklettern.

QUERSCHNITT DURCH DIE SPROSSACHSE DER WEISSEN TAUBNESSEL (LAMIUM ALBUM)

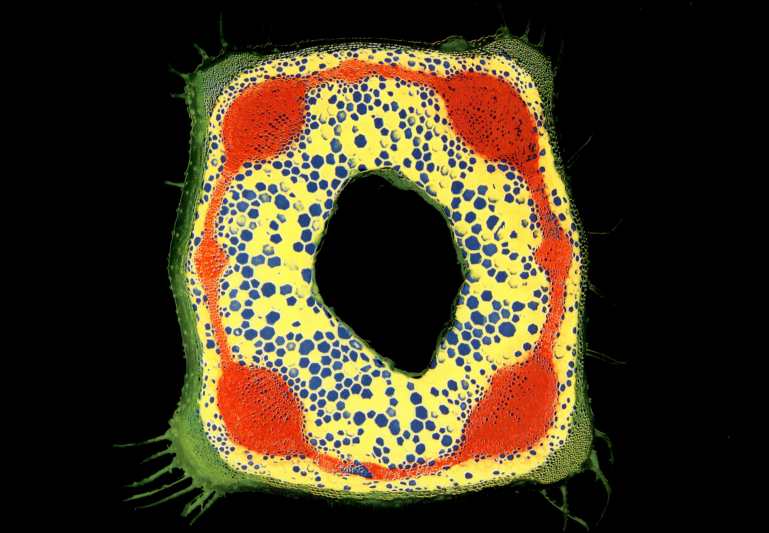

# Kaktushaare

Lange trichome (Haare) schützen den Kaktus vor Schädlingen. Zwischen ihnen verdecken kleinere, ineinandergreifende Auswüchse der Epidermiszellen die Spaltöffnungen (links und rechts unten) und helfen so, den Flüssigkeitsverlust zu reduzieren. Spaltöffnungen dienen dem Gasaustausch zwischen dem Pflanzeninneren und der Atmosphäre. Der Hasenohrkaktus stammt aus den Trockengebieten Nordmexikos und wird weltweit als Zierpflanze kultiviert. Seine Stacheln (nicht im Bild) verhindern Fraßschäden durch größere Tiere.

OBERFLÄCHE DES HASENOHRKAKTUS (OPUNTIA MICRODASYS)

# Efeuspross

DIE STERNFÖRMIGEN TRICHOME sind modifizierte Haarzellen, die vermutlich den Wasserverlust reduzieren oder die Pflanze vor Schadinsekten schützen. Man erkennt einige Spaltöffnungen (Stomata), zum Beispiel auf einer Geraden von unten links zur Bildmitte. Diese Öffnungen ermöglichen einen Gasaustausch zwischen der Luft und dem Pflanzengewebe. Die Sprossachsen haben weniger Stomata als die Blätter.

OBERFLÄCHE EINES EFEUSPROSSES

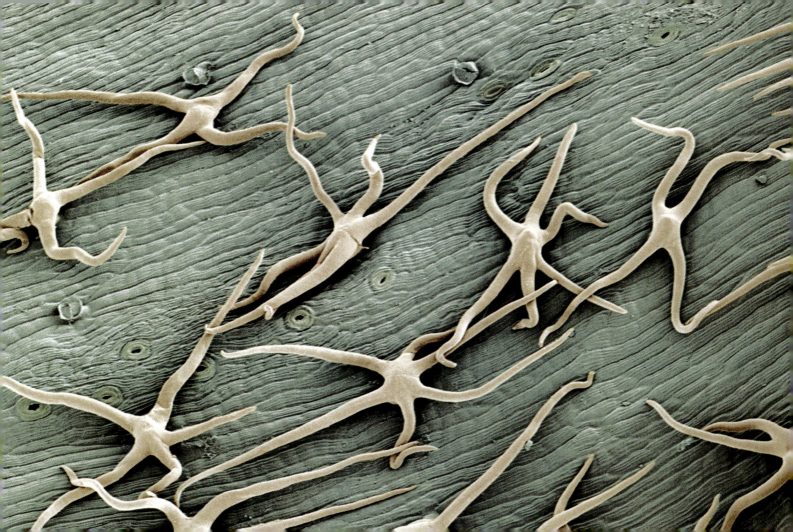

# Sprossachse einer zweikeimblättrigen Pflanze

IN DER MITTE DES STENGELS dominieren große Xylemgefäße für den Transport von Wasser und Mineralstoffen aus den Wurzeln. Fünf Bündel von Phloemzellen (blassgrün) versorgen alle Teile der Pflanze mit Kohlenhydraten und Pflanzenhormonen. Xylem und Phloem sind von einem Parenchymring (violett) umgeben. Ganz außen liegt eine Schicht Epidermiszellen, von denen einige als Haarzellen oder Öldrüsen ausgebildet sind.

QUERSCHNITT DURCH DIE SPROSSACHSE EINER GERANIE (GATTUNG PELARGONIUM)

# Holz

**Konzentrische Jahresringe** erstrecken sich von der Mitte des Zweigs (oben rechts) nach außen (unten links); man erkennt die Abfolge der Wachstumsperioden. Röhrenförmige Holzstrahlen laufen längs durch den Zweig. Am Rand des jeweiligen Jahresrings dienen sie vor allem der mechanischen Festigung und haben daher einen kleinen Hohlraum, während die Röhren im inneren Teil mit ihrem größeren Durchmesser den Wasser- und Stofftransport übernehmen.

QUERSCHNITT DURCH DEN ZWEIG EINES LAUBBAUMS

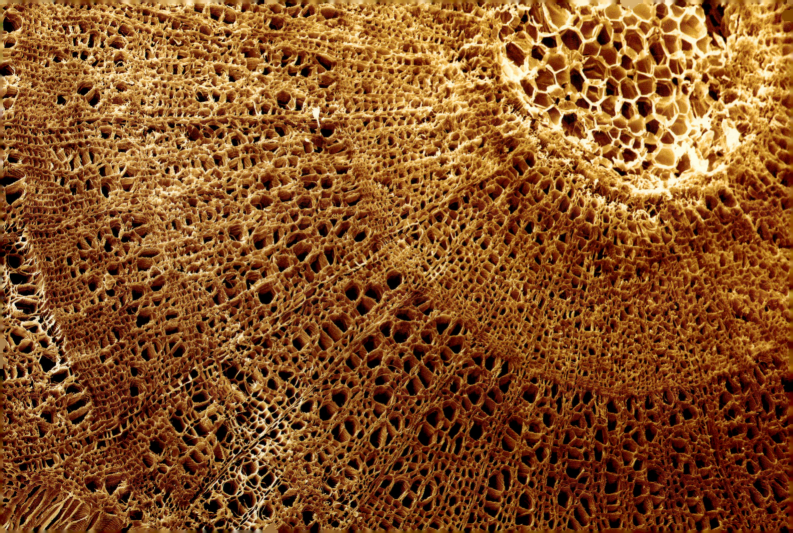

# Clematis-Stengel

**Typisch für diese zweikeimblättrige Pflanze** ist ein Ring aus blütenblattförmigen Leitbündeln (die Stele), von denen hier fünf zu sehen sind. Am unteren Bildrand liegt das Mark. Die großen dunklen Löcher sind die Holzgefäße (Xylem), die das Wasser aus den Wurzeln transportieren. Beim sekundären Dickenwachstum hat sich zur Festigung halbkreisförmiges Sklerenchym gebildet. Das Phloem (grün) befördert Nährstoffe aus den Blättern. Die weiße Rinde (oben) wird von einer Epidermis (dunkelbraun) begrenzt.

QUERSCHNITT DURCH DEN STENGEL DER GARTENKLETTERPFLANZE CLEMATIS (WALDREBE)

# Holzteil (Xylem) einer Erbsenpflanze

Das lange, hohle Gefäss, das quer durchs Bild reicht, wurde von Xylemzellen gebildet, die abgestorben sind. Die Querwände zwischen den Zellen wurden abgebaut, sodass eine durchgängige Röhre entstanden ist, die Wasser und Mineralstoffe aus den Wurzeln in den Rest der Pflanze transportiert. Die typischen Verdickungsleisten aus Sekundärwandmaterial (Lignin) können – wie hier – schraubenförmig wie eine Sprungfeder um die Röhre verlaufen.

LÄNGSSCHNITT DURCH DIE SPROSSACHSE EINER ERBSENPFLANZE (PISUM SATIVUM)

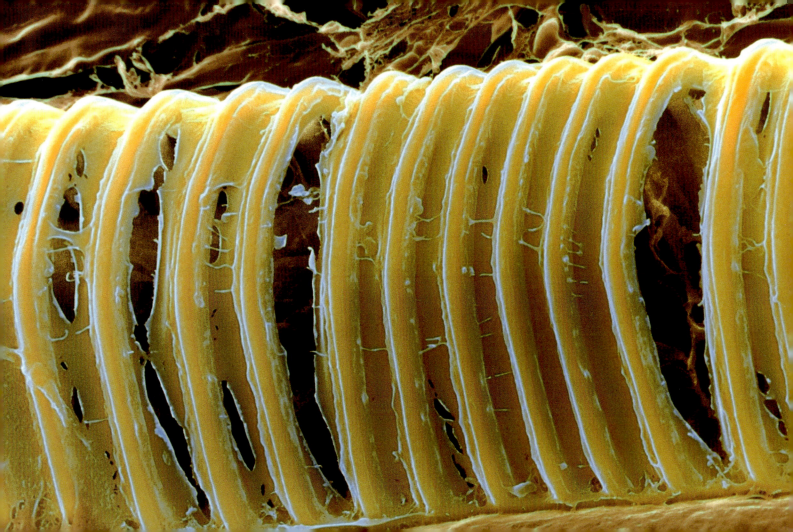

# Kernholz einer Stieleiche

**Ein Gefäss** (Trachee, Mitte) ist durch papierartige, blasenförmige Einwüchse namens Thyllen verstopft worden. Im jungen Splintholz transportieren die Gefäße Wasser und Mineralstoffe aus den Wurzeln zu den Blättern, aber nach ein paar Jahren werden sie durch Thyllen außer Funktion gesetzt. Weitlumige Gefäße wie dieses entstehen im jungen Holz. Das Gewebe ringsum ist Holzparenchym, unspezialisiertes Grundgewebe. Eiche zählt zu den Harthölzern.

QUERSCHNITT DURCH DAS KERNHOLZ (SEKUNDÄRXYLEM) EINER STIELEICHE (QUERCUS ROBUR), AUCH „DEUTSCHE EICHE" GENANNT

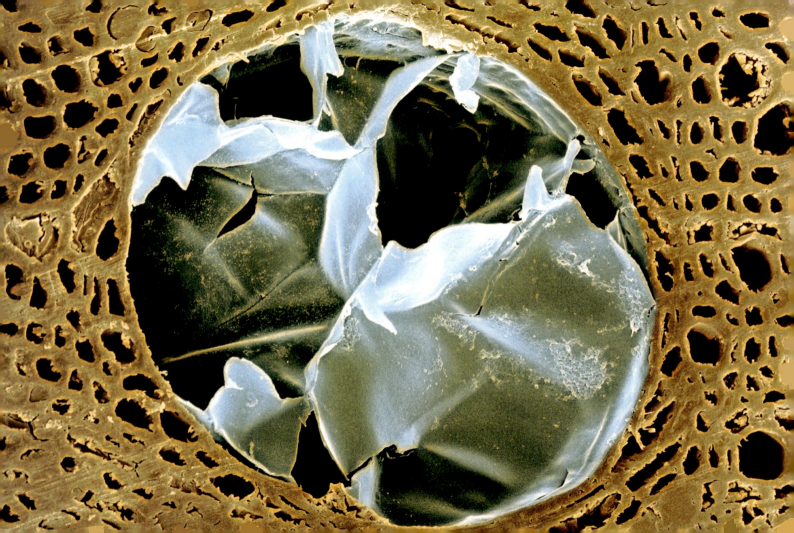

# Blatt einer Christrose

**AUF DER BLATTOBERFLÄCHE** liegt eine Wachsschicht (oben), darunter eine Reihe rechteckiger Epidermiszellen. Im Blattinneren (Mitte) enthalten zahlreiche Zellen Chloroplasten (grün). In diesen kleinen Organellen, die sich stammesgeschichtlich von bakteriellen Vorfahren ableiten lassen, findet die Photosynthese statt. Bei der Photosynthese nutzen die Pflanzen die Energie des Sonnenlichts, um aus Kohlendioxid Zucker aufzubauen.

QUERSCHNITT DURCH DIE BLATTOBERSEITE EINER CHRISTROSE (HELLEBORUS NIGER)

# Blatt einer Christrose

**BLÄTTER SIND ORGANE** zur Nutzung des energiereichen Sonnenlichts. Unter der Epidermis mit ihrer schützenden Wachsschicht (Kutikula) füllen zwei Zellschichten das Blattinnere: das Palisaden- (dunkelgrün) und das Schwammparenchym (hellgrün). Die dicht gepackten Palisadenzellen enthalten viele Chloroplasten, die Photosynthese treiben. Das Schwammparenchym beherbergt weniger Chloroplasten und dient vor allem dem Gasaustausch. Unten rechts ein Leitbündel (blau) für die Wasserzufuhr und den Abtransport der Nährstoffe.

QUERSCHNITT DURCH EIN BLATT DER CHRISTROSE (HELLEBORUS NIGER)

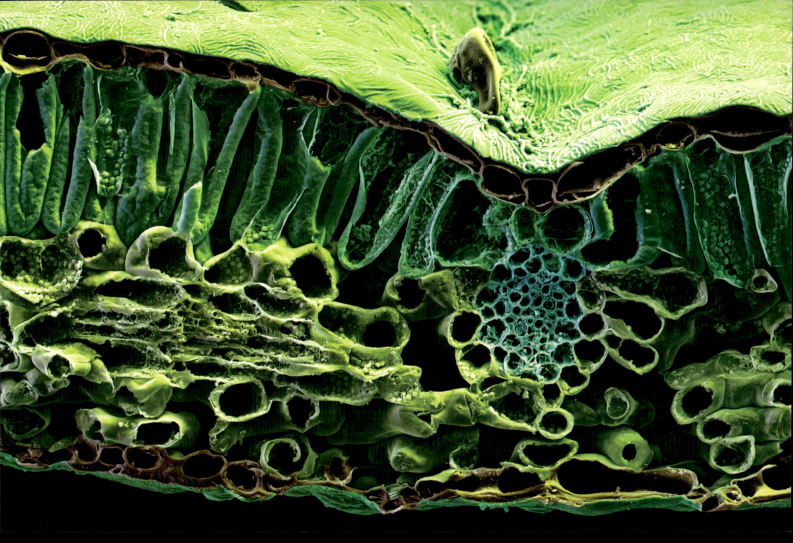

# Blatt der Kapuzinerkresse

Zahlreiche Haare (Trichome) bedecken die Oberfläche, um das Blatt vor kleinen Pflanzenfressern zu schützen und die Verdunstung zu reduzieren. Man sieht auch die verzweigten Blattadern, die aus dem sogenannten Phloem und Xylem bestehen. Das Phloem schafft das Photosyntheseprodukt Zucker aus den Blättern in den Rest der Pflanze, das Xylem transportiert Wasser und Mineralstoffe aus den Wurzeln in die Blätter.

UNTERSEITE EINES BLATTES DER KAPUZINERKRESSE (GATTUNG TROPAEOLUM)

# Tabak

**Durch ihre Spaltöffnungen,** die man vor allem auf den Blattunterseiten findet, nehmen Pflanzen Kohlendioxid auf und scheiden Sauerstoff aus. Tabakblätter werden getrocknet, fermentiert und gelagert, bevor man sie zu Zigaretten verarbeitet. Die Pflanze enthält die anregende Droge Nikotin, die süchtig macht.

**Tabak aus einer Zigarette. Unten in der Mitte und rechts befinden sich zwei ovale Spaltöffnungen (Stomata).**

1265

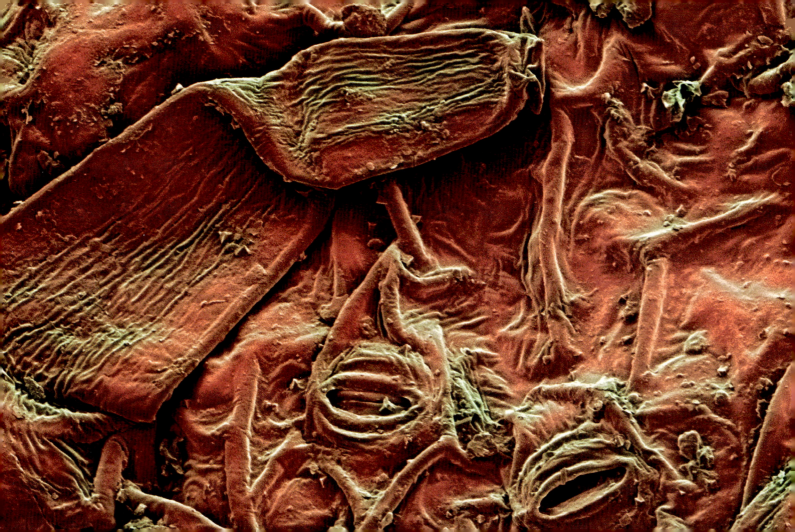

# Gänseblümchen

**Schützende Hochblätter** (grün) umschließen das wachsende Köpfchen des Gänseblümchens, das sich bald öffnen wird. Ein solches Köpfchen ist genau genommen keine Blüte, sondern ein Blütenstand mit Hunderten winziger Röhrenblüten.

**KNOSPE EINES GÄNSEBLÜMCHENS (FAMILIE: ASTERACEAE ODER KORBBLÜTLER)**

# Samenanlagen einer Blattkakteenblüte

**IM HOHLRAUM DES FRUCHTKNOTENS** dieser Pflanze finden sich 15 bis 100 Samenanlagen, die jeweils an einem Stiel namens Funiculus (grün) sitzen. Die Samenanlagen (gelb) bestehen aus einem Embryosack, der eine Eizelle – die weibliche Geschlechtszelle – enthält, und dem sogenannten Nucellus, einem umliegenden Gewebe, das dem Ei Nährstoffe liefert. Wenn die Eizelle von einem Pollenkorn befruchtet wird, entwickelt sie sich zu einem Samen weiter.

FRUCHTKNOTEN DER BLÜTE EINER BLATTKAKTEE (GATTUNG EPIPHYLLUM) MIT DEN SAMENANLAGEN

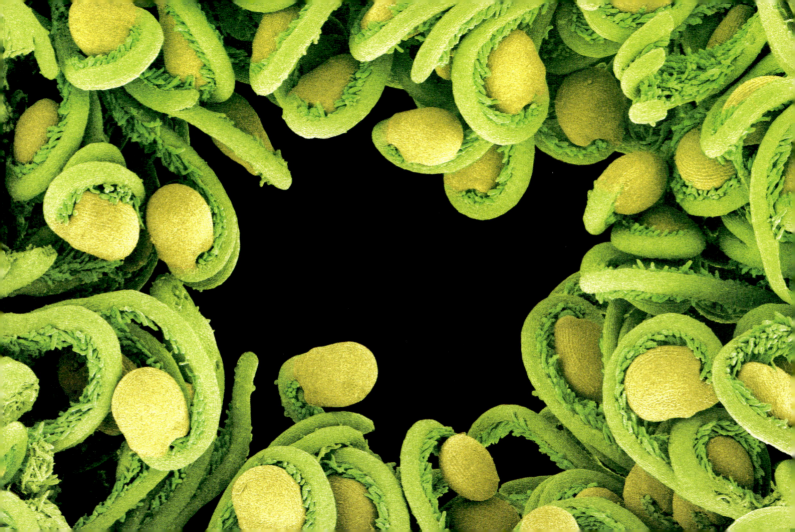

# Blütenstaub des Weidenröschens

DIE DREIECKIGEN POLLENKÖRNER wachsen in Vierergruppen heran, trennen sich aber, wenn der Wind sie davonträgt. Die Form der Körner trägt zu ihrer langen Verweildauer in der Luft bei. Pollenkörner enthalten die männlichen Geschlechtszellen, die – wenn sie auf dem weiblichen Teil einer Blüte landen – die Eizelle befruchten. Das befruchtete Ei entwickelt sich zum Samen. Das Schmalblättrige Weidenröschen, ein mehrjähriges Kraut, ist in Wäldern und auf Brachflächen weit verbreitet.

POLLENKÖRNER DES SCHMALBLÄTTRIGEN WEIDENRÖSCHENS (EPILOBIUM ANGUSTIFOLIUM)

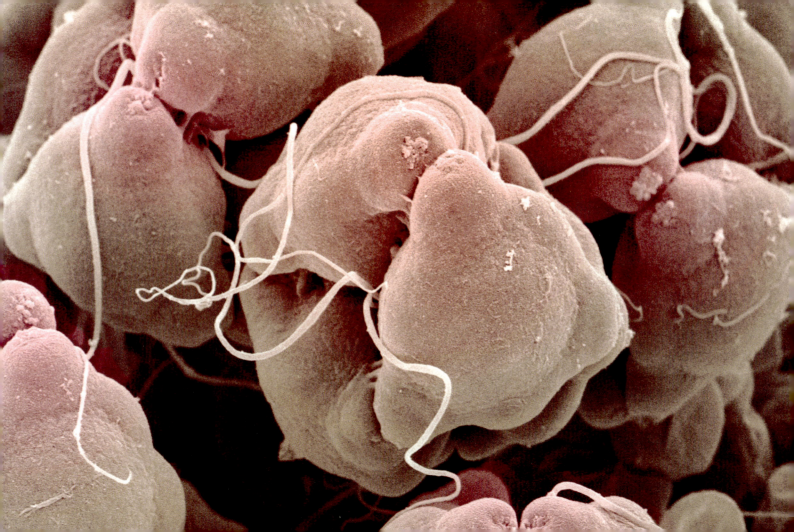

# Ysop-Pollenkörner

**IN DEN STAUBBEUTELN DER BLÜTE** entsteht der Blütenstaub. Beim Ysop haben die runden Pollenkörner sechs Kerben. Insekten transportieren den Pollen zu anderen Pflanzen, wo er die Eier in den Fruchtblättern der Blüten befruchtet. Ysop ist eine mehrjährige Arzneipflanze, die wild in Süd- und Osteuropa vorkommt. Ihre Blüten werden als Tonikum und Sedativum verwendet; mit Blattextrakten konnte die Replikation des HI-Virus gehemmt werden.

POLLENKÖRNER DES YSOP (HYSSOPUS OFFICINALIS) AUF EINEM BLÜTENBLATT

4400

# Blütenstaub am Fuß einer Biene

**Diese Pollenkörner,** die männlichen Geschlechtszellen einer Blütenpflanze, haften an den Klauen und Haaren eines Bienenbeins. Der von Insekten verbreitete Pollen ist oft stachelig, so haftet er besser an einem Tier, das sich niederlässt, um Nektar zu saugen. Während das Insekt von Pflanze zu Pflanze zieht, landen manche Pollenkörner auf den weiblichen Teilen anderer Blüten (Bestäubung). Bienen zählen zu den wichtigsten Bestäubern von Blütenpflanzen.

POLLENKÖRNER (GRÜN) AN DER SPITZE EINES BIENENFUSSES

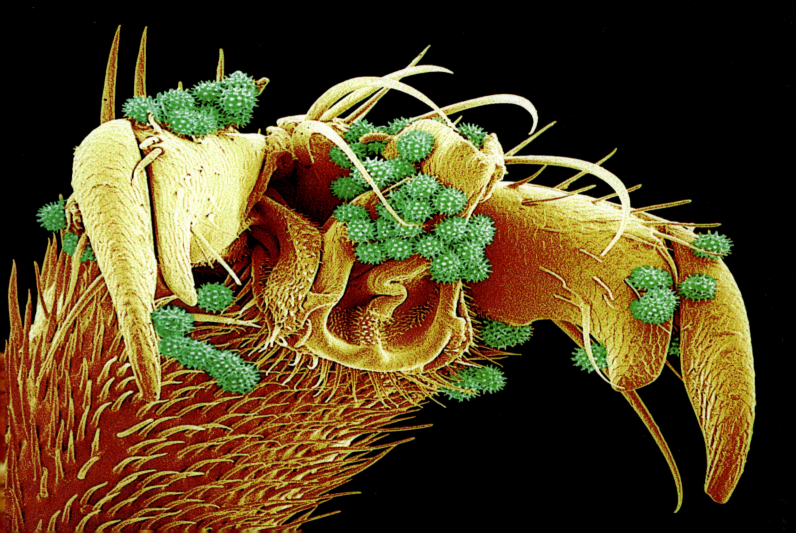

# Sonnenblumen-Bestäubung

**Die sogenannte Narbe,** ein Teil der weiblichen Fortpflanzungsorgane, ist hier zusammengerollt, und Pollenkörner (stachelige orangefarbene Bälle) hängen an den Haaren (gelb) der Innenseite. Die Pollenkörner enthalten die männlichen Geschlechtszellen, die über den Griffel in die Samenanlagen (beide nicht im Bild) wandern und so die Pflanze befruchten werden. Die Sonnenblume zählt zur Familie der Korbblütler; ihr Kopf besteht aus zahlreichen kleinen Einzelblüten.

POLLEN AUF DER NARBE EINER SONNENBLUME (HELIANTHUS ANNUUS)

500

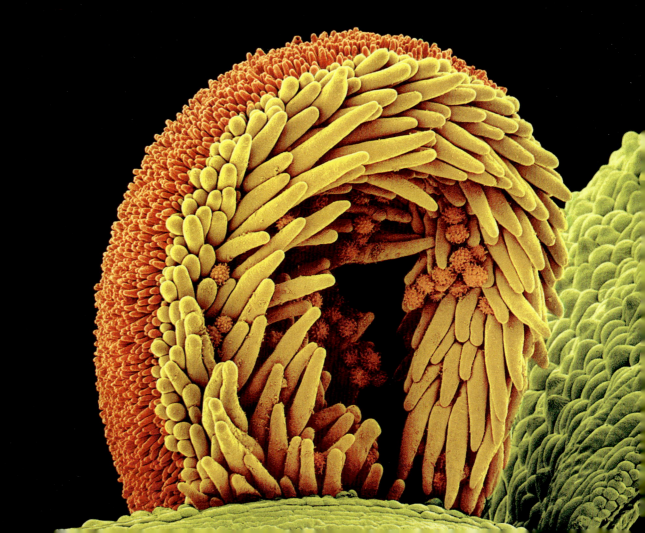

# Pollen einer Prunkwinde

**Runde, stachelige Pollenkörner** wie diese sind perfekt an den Transport durch Insekten oder andere Tiere angepasst, an die sie sich anheften. Hier liegt der Pollen auf dem Stempel – dem weiblichen Teil einer Blüte. Wie der englische Name „Morning Glory" bereits vermuten lässt, öffnen sich die Blüten der Prunkwinden morgens. Bestäubt werden sie von Schmetterlingen, Bienen oder sogar Kolibris.

ORANGEFARBENE POLLENKÖRNER EINER PRUNKWINDE (GATTUNG IPOMOEA)

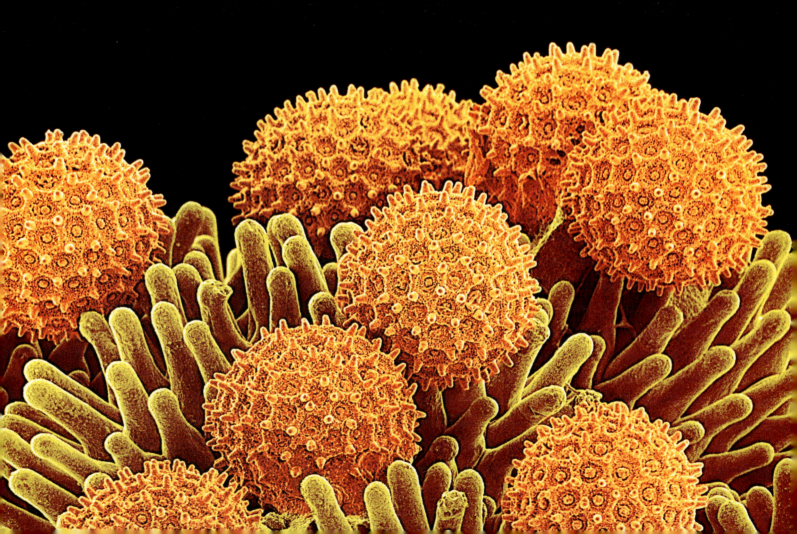

# Bestäubter Blütenstempel

**Der Stempel ist der weibliche** Fortpflanzungsteil der Blüte. Er kann in mehrere Fruchtblätter untergliedert sein, die am Ende je eine Narbe tragen (hier sind es drei). Auf der Narbe landet der Pollen bei der Bestäubung. Die Pollenkörner sind die männlichen Geschlechtszellen (Gameten). Wenn sie die Eier oder weiblichen Gameten befruchten, entstehen Samen. Dazu muss der männliche Gamet den Griffel hinunterwandern, der die Narbe trägt, denn die Samenanlagen befinden sich an der Stempelbasis.

RUNDE POLLENKÖRNER (ROT) AUF DEN NARBEN (GELB) EINER BLÜTE DES ACKER-HELLERKRAUTS (THLASPI ARVENSE)

# Keimendes Weizenkorn

Das samenkorn besteht überwiegend aus stärkereichem Nährgewebe, das von einer Samenschale und einer Fruchtwand (gelb) umgeben ist. Die Stärke versorgt den Embryo mit Energie zum Keimen. Die Keimung kann unter anderem durch Feuchtigkeit oder Temperaturänderungen ausgelöst werden. Eine Keimwurzel kommt zum Vorschein (unten links) und wächst in den Boden hinein. Die Sprossknospe mit den Keimblättern (grün), die nach oben wächst, steckt in einer Schutzhülle.

KEIMENDES SAMENKORN DES WEIZENS (GATTUNG TRITICUM)

# Keimendes Weizenkorn

DIE KEIMWURZEL IST DER ERSTE TEIL des Keimlings, der sichtbar wird. Sie wächst aus der Mikropyle (Mitte oben) nach unten. Wurzeln sind positiv gravitropisch, wachsen also unter dem Einfluss von Pflanzenhormonen in Richtung der Schwerkraft. Die Keimung kann unter anderem durch Nässe oder einen Temperaturanstieg ausgelöst werden. Auf der Keimwurzel sind bereits Wurzelhaare gewachsen, die die Oberfläche vergrößern und damit die Wasser- und Mineralienaufnahme effizienter machen.

KEIMWURZEL EINES KEIMENDEN WEIZENKORNS (GATTUNG TRITICUM)

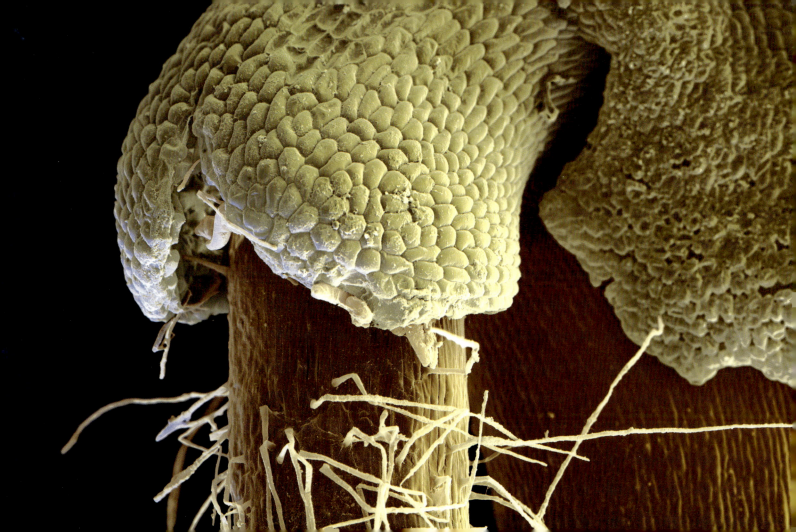

# Weizenkorn

**DAS INNERE DES SAMENS** ist überwiegend mit Stärkekörnern (gelb) gefüllt, die von Zellwänden (grau) umgeben sind. Darüber liegt eine Schicht proteinreicher Zellen (grün). Der ganze Samen ist von der Fruchtwand (braun) umhüllt. Die Stärke verleiht dem Embryo die zur Keimung nötige Energie. Da Weizen eine bedeutende Nahrungspflanze ist, werden die meisten Körner zu Mehl zermahlen und zu Brot oder anderen Lebensmitteln verarbeitet.

QUERSCHNITT DURCH DEN RAND EINES SAMENKORNS DES WEIZENS (GATTUNG TRITICUM)

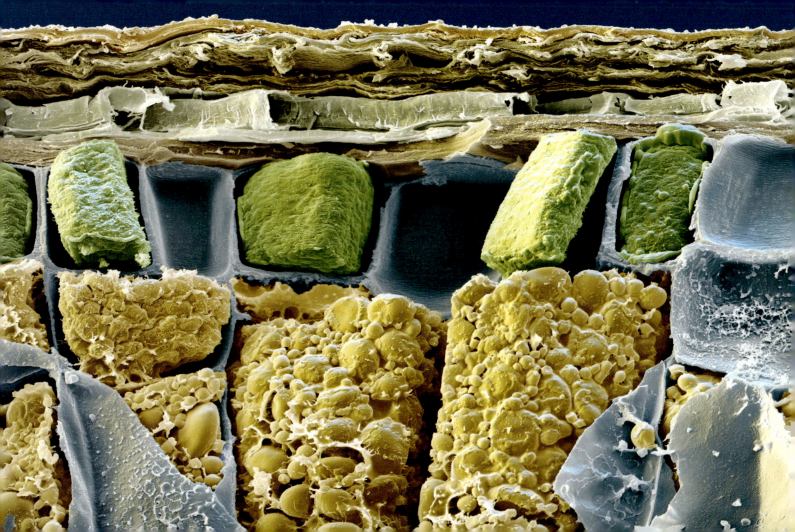

# Weizenkorn

**IN DIESEM BILD WIRD DIE BEDEUTUNG** der Stärke als Energiequelle und Nährstoff deutlich. In den unteren Zellen (grau) ist sie in Organellen namens Stärkekörner oder Amyloplasten (gelb) eingelagert. Stärke wird aus Saccharose aufgebaut, einem Zucker, der bei der Photosynthese in den Blättern entsteht und von dort in den Samen transportiert wird. Kleinere Mengen an Protein (grün) sind in der Aleuronschicht eingelagert, über der die schützende Fruchtwand (braun, ganz oben) liegt.

SCHNITT DURCH EIN SAMENKORN DES WEIZENS (GATTUNG TRITICUM)

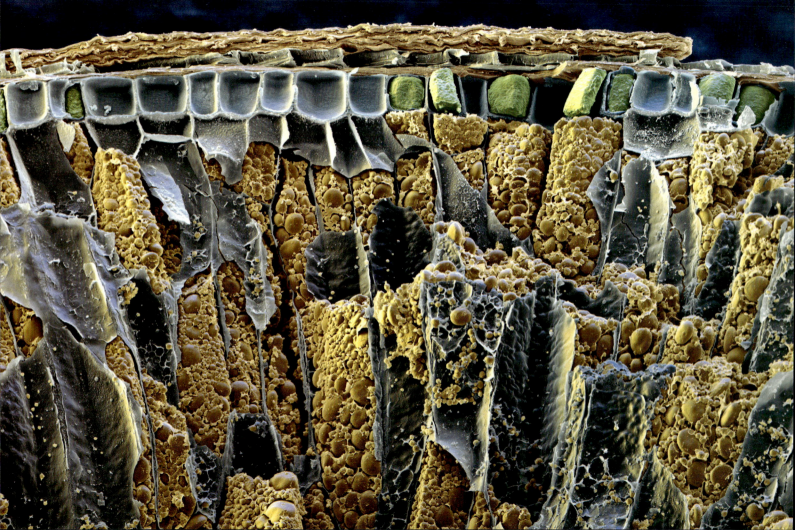

# Keimender Samen

**Die ersten beiden Bilder zeigen,** wie die Keimwurzel aus der Samenschale hervorbricht. Im dritten Bild wächst die Wurzel in Richtung Schwerkraft, im vierten streckt sich die Sprossknospe nach oben. Die Keimblätter (grün) werden im Sonnenlicht Photosynthese betreiben; die Wurzelhaare helfen dem Kohlrübenkeimling bei der Wasser- und Nährstoffaufnahme.

VON LINKS NACH RECHTS: HAUPTSTADIEN DER KEIMUNG EINES KOHLRÜBENSAMENS (BRASSICA NAPUS)

# Salz und Pfeffer

**Kochsalz (natriumchlorid)** ist ein kristalliner Mineralstoff, der durch Abbau von Steinsalz oder Verdunstung von Meerwasser gewonnen wird und der Geschmacksverbesserung und Konservierung von Nahrung dient. Das Pfefferkorn ist die Frucht der tropischen Kletterpflanze *Piper nigrum*. Gemahlener Pfeffer wird zum Würzen von Speisen verwendet.

SALZKRISTALL (BLAU) UND PFEFFERKORN (ORANGE)

# Schokoladeneis

MIT BLOSSEM AUGE betrachtet, scheint die Oberfläche eines Eisriegels mit Schokoladenglasur glatt, aber unter dem Mikroskop wird eine Mondlandschaft sichtbar. Die Krater entstehen durch Lipide (Verbindungen aus Fettsäuren und Glycerin), die sich zu runden Fetttröpfchen zusammenballen. In Milchprodukten wie Vollmilch oder Sahne überwiegen gesättigte Fettsäuren.

SCHOKOLADENGLASUR EINES EISRIEGELS

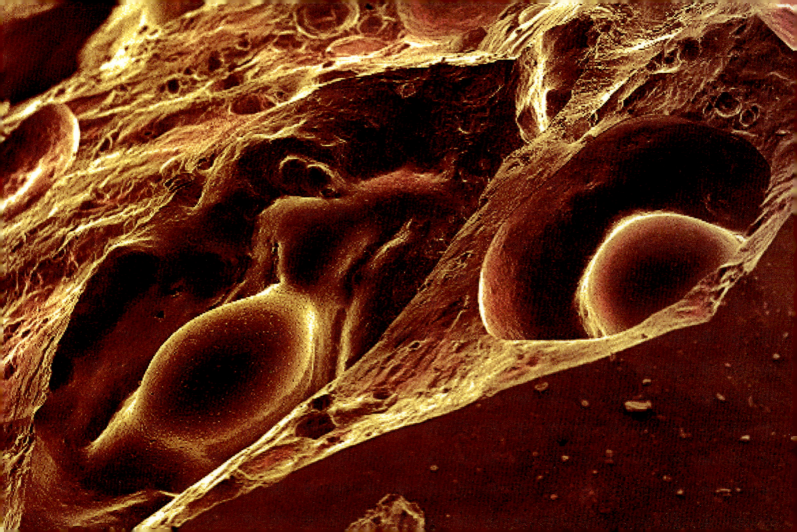

# Blumenkohl

EIN BLUMENKOHL besteht aus zahlreichen dickstieligen Blütenknospen. Diese sind zu Köpfchen gruppiert, deren Einzelblüten jeweils in Spiralform angeordnet sind. Die Anzahl der Spiralen im und gegen den Uhrzeigersinn sind zwei Glieder der Fibonacci-Folge (0, 1, 1, 2, 3, 5, 8, 13, 21 ...), bei der jede Zahl die Summe ihrer beiden Vorgänger ist. Viele Blütenmuster lassen sich mit dieser Folge beschreiben.

BLÜTENSTAND EINES BLUMENKOHLS, ZUCHTFORM ROMANESCO (BRASSICA OLERACEA BOTRYTIS)

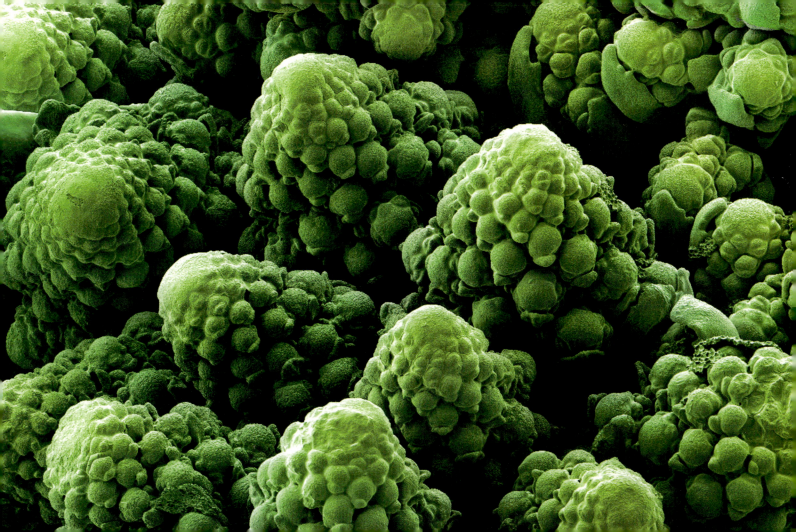

# Mandel

Die bruchebene verläuft durch das Innere der Zellen einer Mandel und zeigt, wie diese Steinfrucht aufgebaut ist. Die Zellen sind abgerundet und enthalten viel Fasermaterial sowie Öltröpfchen. Süße Mandeln sind essbar und werden auch zur Ölgewinnung genutzt.

GEFRIERBRUCH DURCH EINE MANDEL (PRUNUS DULCIS)

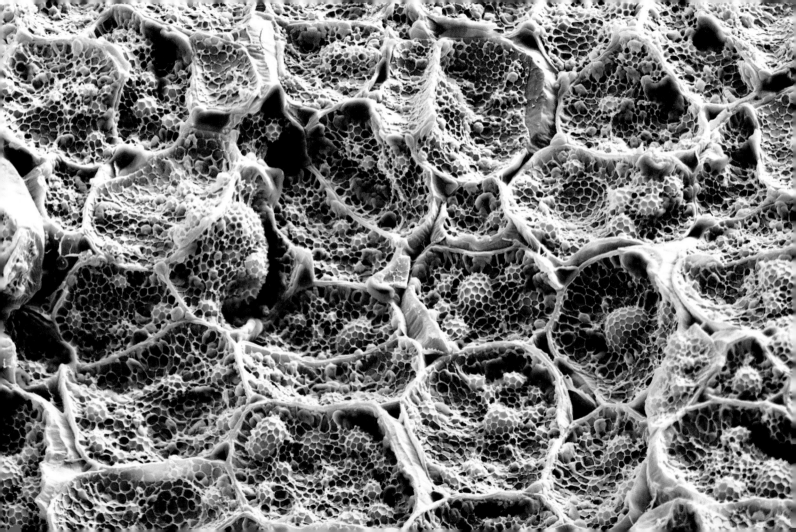

# Sojabohne

**SOJABOHNEN SIND DIE SAMEN** in den Hülsenfrüchten der Sojapflanze (*Glycine max*). In den rundlichen Körnern (gelb) in den Zellen ist Stärke eingelagert. Bei der Keimung zieht der Embryo die nötige Energie aus diesem Kohlenhydratvorrat. Sojabohnen sind wichtige Nahrungsmittel, denn sie bestehen zu 30 bis 50% aus Proteinen, zu 25% aus Kohlenhydraten (Stärke) und zu 15 bis 25% aus Öl. Das Öl enthält viele gesunde ungesättigte Fettsäuren und wenig Cholesterin.

GEFRIERBRUCH DURCH EINE SOJABOHNE

# Erdbeere

**Eine reife, rote Erdbeere** ist im Grunde keine Beere, sondern eine Scheinfrucht: Die eigentlichen Früchte sind die kleinen ovalen Nüsschen, die auf einem vergrößerten, süßen und weichen Fruchtboden ruhen. Daher können Erdbeeren nach der Ernte auch nicht nachreifen. Die braunen Härchen zwischen den Nüsschen sind die Griffel und Narben der weiblichen Fortpflanzungsorgane. Die Pflanze wird von Insekten bestäubt und bildet dicht über dem Boden Ausläufer. Zahlreiche Sorten sind von wirtschaftlicher Bedeutung.

NAHAUFNAHME DER OBERFLÄCHE EINER ERDBEERE (GATTUNG FRAGARIA)

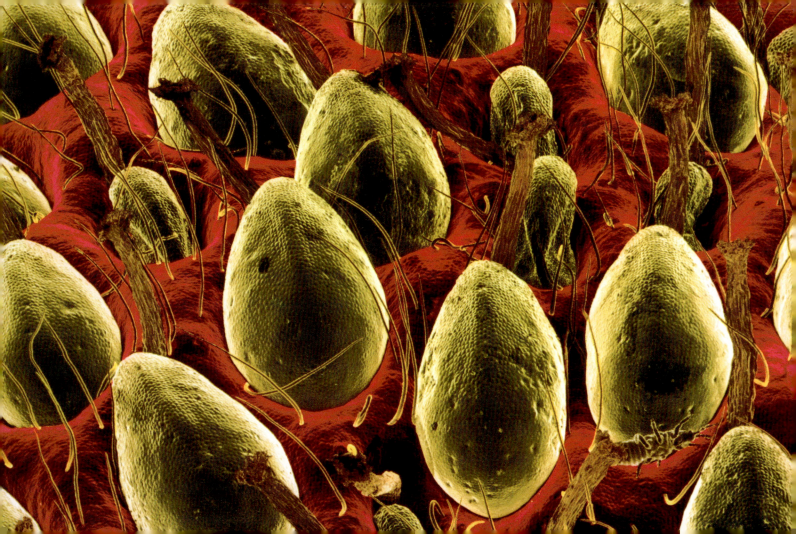

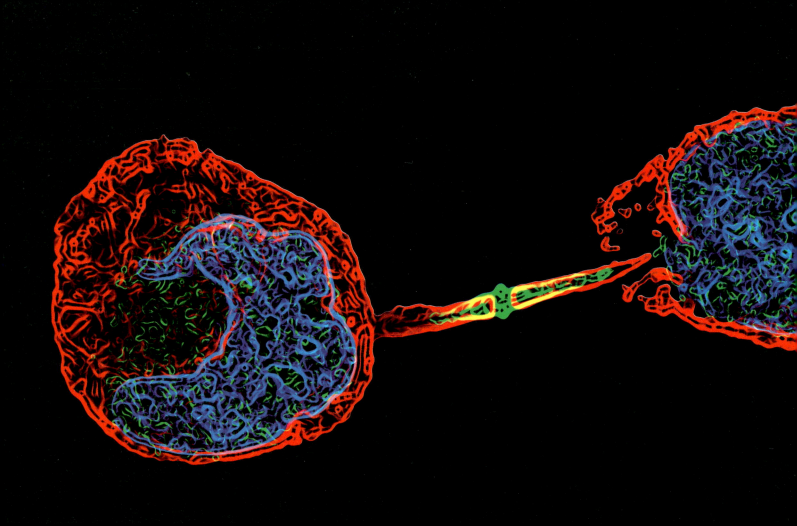

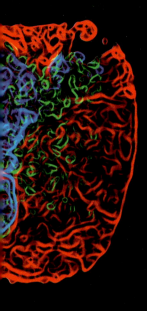

# III

# Menschlicher Körper

# HeLa-Tumorzellen

**Das leuchten** stammt von den Fluoreszenzfarben, die man in diese Krebszellen eingebracht hat und die mit Laserlicht angeregt werden. Die Zellkerne sind blau markiert, die Mitochondrien grün und das Strukturprotein Aktin rot. HeLa-Zellen wurden 1952 als erste permanente menschliche Zelllinie etabliert. Sie sind außerordentlich leicht zu kultivieren und werden oft in der Virusforschung und zum Studium von Zellteilungen eingesetzt.

EINGEFÄRBTE HELA-TUMORZELLEN

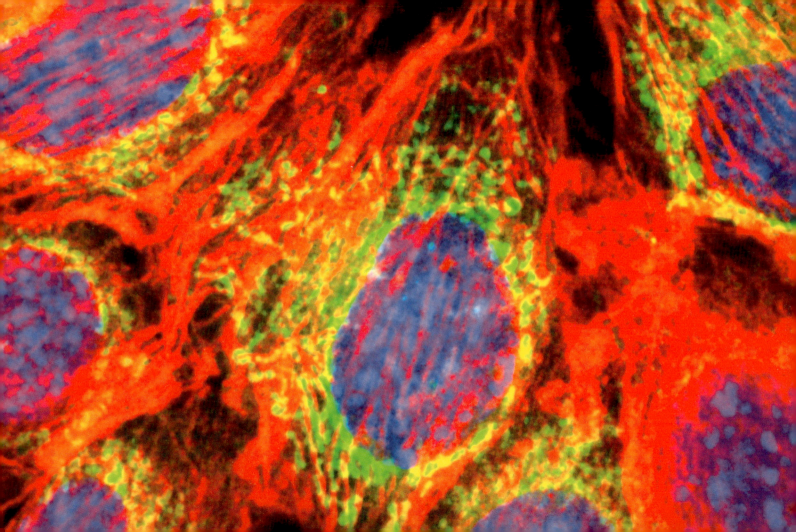

# HeLa-Tumorzellen

**FLUORESZENZFARBEN** können spezifisch an einzelne Zellstrukturen andocken. Die Zellkerne mit dem Erbgut sind rot markiert. Die gelben und weißen Stränge sind die Aktinfilamente und Mikrotubuli des Zytoskeletts, das der Zelle Halt gibt. Die sogenannten HeLa-Zellen wurden 1951 der Patientin **H**enrietta **La**cks in Baltimore (USA) aus einem Tumor am Muttermund entnommen, um sie auf Malignität zu untersuchen. Die Patientin starb acht Monate später an Gebärmutterhalskrebs. Die nach ihr benannten Zellen werden noch immer weltweit in der Forschung eingesetzt.

EINGEFÄRBTE HELA-TUMORZELLEN

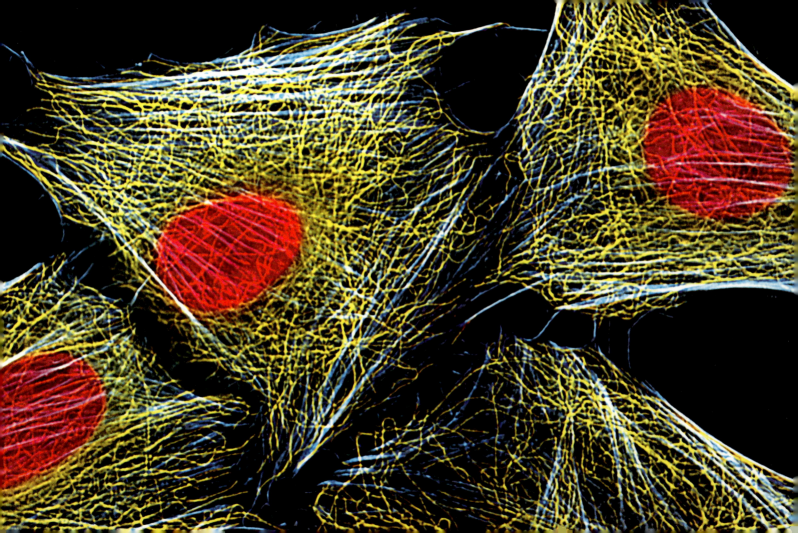

# Zellteilung (Mitose)

**Bei der Mitose entstehen aus einem Zellkern** zwei Tochterkerne. In der Metaphase reihen sich die Chromosomen (gelb) in der Mitte auf; die Spindelfasern (hellblau) wachsen von den Polen (oben und unten) auf die Mitte eines jeden Chromosoms zu. Die Chromosomen bestehen aus zwei identischen Chromatiden, die sich auf die Tochterzellen verteilen, sodass beide die genetische Information der Mutterzelle übernehmen. Ringsum erkennt man die runden Kerne und die Zytoskelett-Mikrofilamente weiterer Zellen.

IMMUNFLUORESZENZMIKROSKOPISCHE AUFNAHME EINER METAPHASE-ZELLE (MITTE LINKS) WÄHREND DER ZELLTEILUNG (MITOSE)

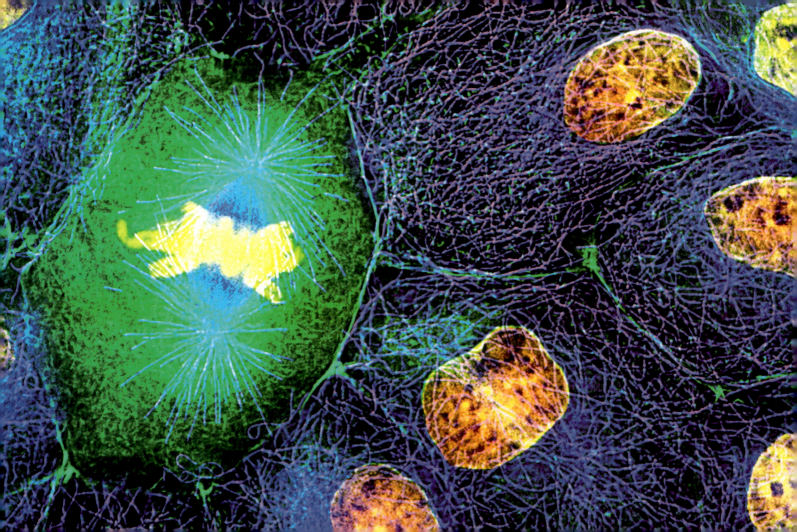

# Zellteilung

**Nach der Kernteilung oder Mitose** kommt es zur Zytokinese, bei der zwei Tochterzellen mit identischer DNA (blau) entstehen. Unter der Zellmembran bildet sich ein kontraktiler Ring aus Aktinfilamenten, der sich zusammenzieht und das Zytoplasma einschnürt. Die Furche vertieft sich; das Zytoplasma wird geteilt, und die Organellen verteilen sich auf die Hälften, bis beide Zellen komplett sind. Die roten Gebilde sind Mikrotubuli, die zusammen mit dem Aktin das Zytoskelett bilden. Sie trennen bei der Mitose die Chromatiden.

IMMUNFLUORESZENZMIKROSKOPISCHE AUFNAHME EINER TIERISCHEN ZELLE WÄHREND DER ZYTOKINESE, DER LETZTEN PHASE DER ZELLTEILUNG

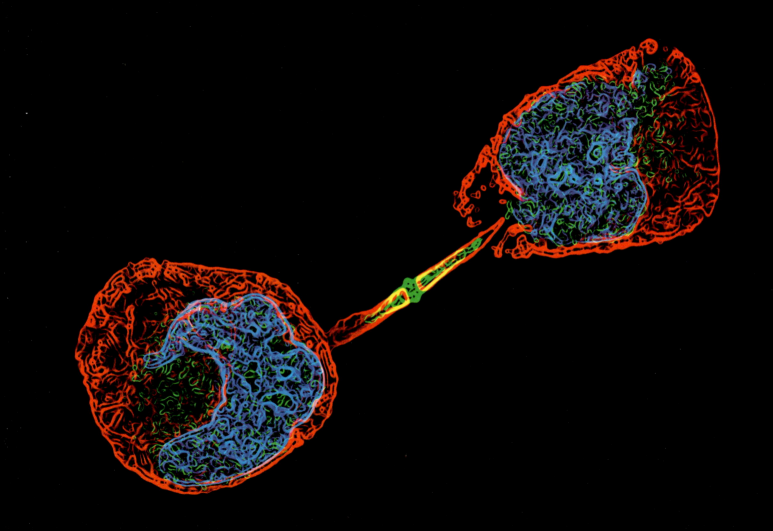

# Mitochondrien

**IN DIESEN ORGANELLEN,** die es in allen eukaryotischen Zellen gibt, findet die Atmung statt, also jene chemische Reaktion, bei der molekularer Sauerstoff Zucker und Fette oxidiert, wobei Energie frei wird. Diese wird in dem Molekül Adenosintriphosphat (ATP) gespeichert, mit dem die Zellen andere chemische Prozesse wie die Proteinsynthese antreiben. Mitochondrien haben zwei Membranen, von denen die innere zu so genannten Cristae eingefaltet ist. Im umliegenden Zytoplasma sieht man weitere Organellen.

**MITOCHONDRIUM (MITTE), AUFGENOMMEN DURCH EIN TRANSMISSIONS-ELEKTRONENMIKROSKOP**

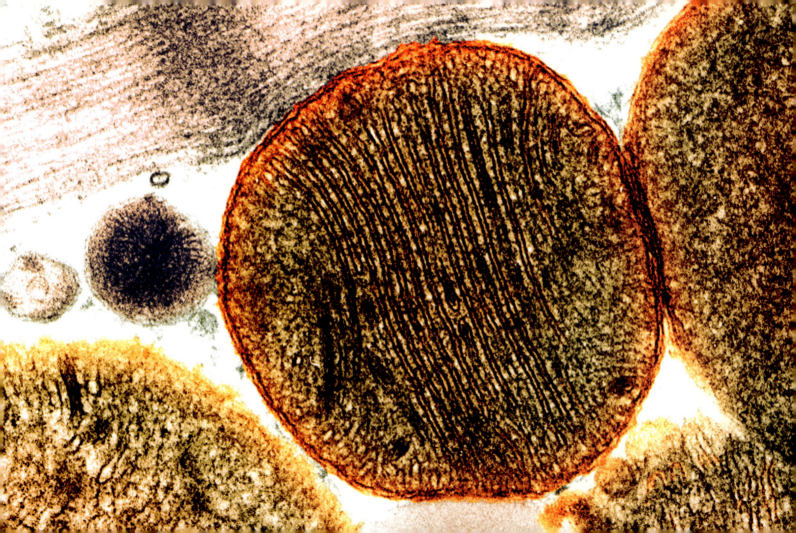

# Stammzellen

**Stammzellen aus der Netzhaut des Auges** können sich in jeden Zelltyp der Netzhaut ausdifferenzieren. Zu welchem Zelltyp sie heranreifen, hängt von den biochemischen Signalen ab, die sie zu Beginn ihrer Entwicklung empfangen. Somit könnten sie Netzhautschäden reparieren und Menschen das Sehvermögen zurückgeben, die wegen diabetischer Retinopathie oder Makula-Degeneration erblindet sind. Da man die eigenen Stammzellen des Patienten verwenden kann, würden sie auch nicht abgestoßen.

ZWEI MENSCHLICHE NETZHAUTSTAMMZELLEN (VIOLETT UND ROSA) AUF IHREN NÄHRZELLEN (GRÜN)

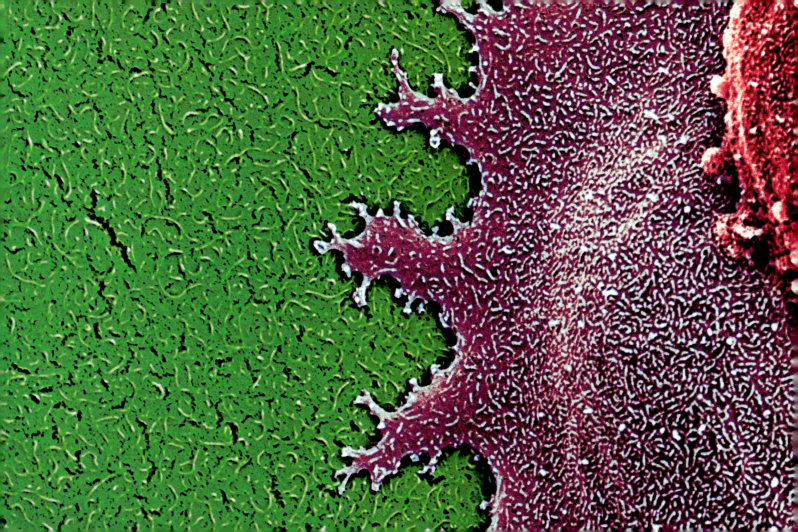

# Wachstum von Nervenzellen

Diese Zellkörper mit ihren rosa Zellkernen sind nervenzellentypisch aufgebaut. Die ursprünglich runden Tumorzellen haben lange, verzweigte Ausläufer (gelb und blau) gebildet, die man Neuriten nennt. Solche Neuriten entwickeln sich zu Axonen und Dendriten weiter, die normalerweise den Kontakt zwischen Nervenzellen herstellen und im Körper, Hirn und Rückenmark Signale übertragen. PC12-Zellen sind Forschungszellen, die aus einem Nebennierentumor (Pheochromocytom) gewonnen wurden.

PC12-ZELLEN NACH ANREGUNG DURCH NERVENWACHSTUMSFAKTOR
(AUFNAHME DURCHS IMMUNFLUORESZENZMIKROSKOP)

# Wachstum von Nervenzellen

**Hier haben mehrere PC12-Zellen miteinander Kontakt aufgenommen,** wie in einem natürlichen Nervenzellen-Geflecht. In den Zellkörpern erkennt man die Zellkerne (rosa). Durch den zugefügten Wachstumsfaktor sind lange, verzweigte Neuriten gewachsen (gelb und blau). Normalerweise würden daraus Axone und Dendriten entstehen, die Nervenimpulse weiterleiten, aber PC12-Zellen sind keine echten Nervenzellen. Von der Erforschung der Nervenregeneration in solchen Gewebekulturen erhofft man sich Therapieansätze für die spinale Lähmung.

PC12-ZELLEN NACH ANREGUNG DURCH NERVENWACHSTUMSFAKTOR
(AUFNAHME DURCHS IMMUNFLUORESZENZMIKROSKOP)

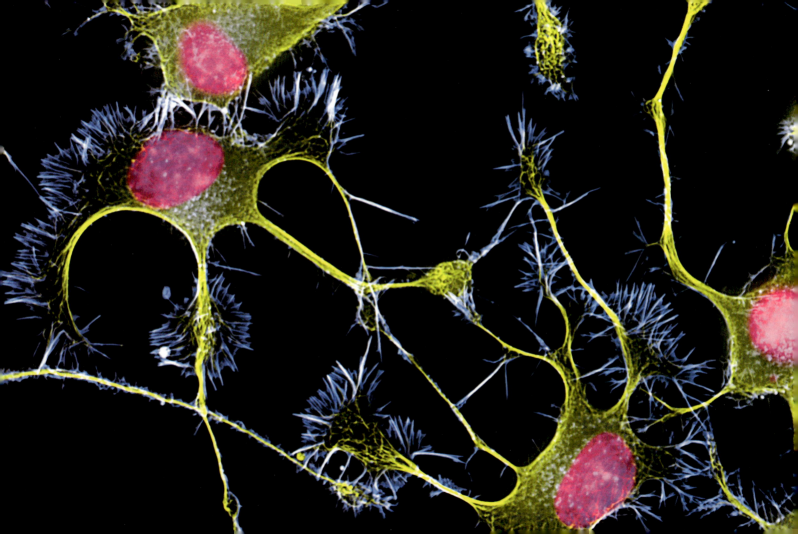

# Bronchiolen und Alveolen der Lunge

EINE BRONCHIOLE IST EINE DÜNNE, VERZWEIGTE RÖHRE, durch die Luft aus den oberen Atemwegen und der Luftröhre in die winzigen Lungenbläschen (Alveolen) gesaugt wird. An der Wand jedes gefüllten Bläschens findet ein Gasaustausch zwischen der Luft und dem Blut in den benachbarten Kapillaren statt. Sauerstoff diffundiert ins Blut, von wo er zu allen Körperzellen gelangt, die ihn verbrauchen, während Kohlendioxid aus dem Blut in die Alveolen übertritt und dann ausgeatmet wird.

BRONCHIOLE (WEISS, OBEN) UND EINE GRUPPE VON LUNGENBLÄSCHEN (GRAU) IN DER LUNGE

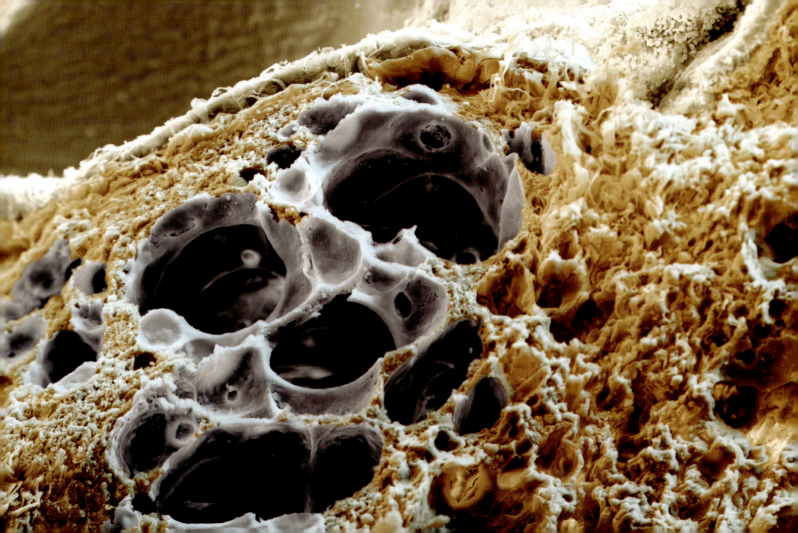

# Makrophage in der Lunge

**ALVEOLEN HEISSEN DIE WINZIGEN LUNGENBLÄSCHEN,** in denen der Gasaustausch stattfindet. Makrophagen sind ein Typ weißer Blutkörperchen, die aber als Teil des Immunsystems häufiger im Körpergewebe als im Blut zu finden sind. Sie erkennen Fremdkörper wie Bakterien, Pollenkörner oder Staub und verschlingen (phagozytieren) sie, um sie anschließend mithilfe von Enzymen abzubauen.

RUNDER MAKROPHAGE (ZELLE DES IMMUNSYSTEMS) IN EINER ALVEOLE

2280

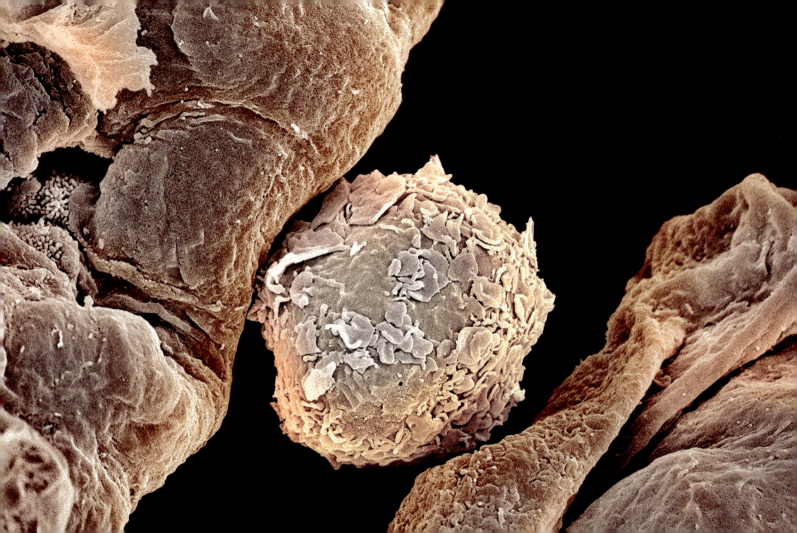

# Wirbelsäule beim Ungeborenen

DIE KNOCHENBILDUNG setzt beim Fötus recht früh ein, und bereits mit zwölf Wochen fängt er an, sich zu bewegen. In dieser entstehenden Wirbelsäule erkennt man zwischen den ovalen Wirbeln (schwammig, rosa) schmalere Bandscheiben (weiß). Die Bandscheiben bestehen aus faserigem Knorpel und dienen der Stoßdämpfung, während die vielen separaten Wirbel der Wirbelsäule die nötige Flexibilität für ihre Bewegungen verleihen.

LÄNGSSCHNITT DURCH DIE ENTSTEHENDE WIRBELSÄULE EINES MENSCHLICHEN FÖTUS

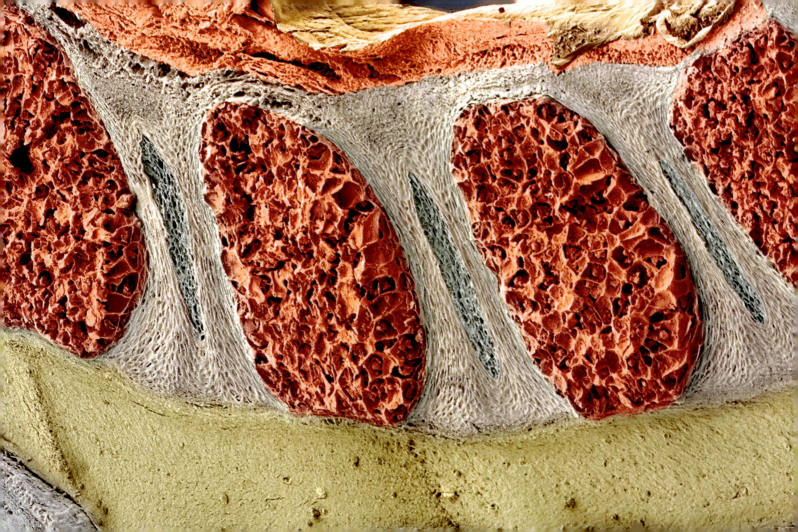

# Knochengewebe

**DAS KNOCHENGEWEBE WIRD IN** Substantia corticalis (kompaktes Gewebe) und Substantia spongiosa (schwammartiges Gewebe) eingeteilt. Das kompakte Gewebe liegt normalerweise außen und umgibt das poröse Innere. Die Substantia spongiosa besteht aus einem Netzwerk von feinen Knochenbälkchen (Trabekeln), die den Knochen gegen Druck und andere Belastungen stabilisieren. Die Hohlräume zwischen ihnen sind mit Knochenmark gefüllt, in dem das Blut gebildet wird.

SCHWAMMARTIGE KNOCHENSUBSTANZ IN BIENENWABENFORMATION

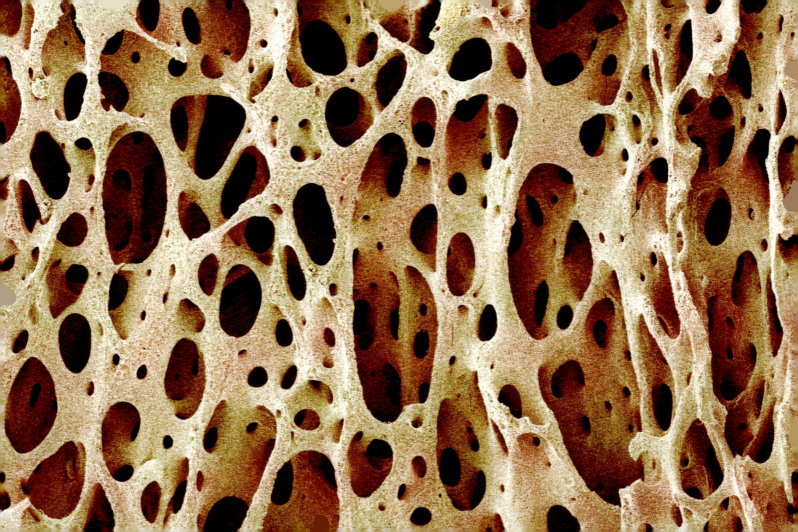

# Knochenkrebs

**Die blauen Zellen** sind Monozyten, weiße Blutkörperchen, die in ein Körpergewebe eindringen und dort zu Makrophagen heranreifen. Nach und nach verbinden sie sich zu einer großen, vielkernigen Zelle, dem Osteoklasten. Osteoklasten resorbieren normalerweise während der Knochenregeneration überschüssiges Knochengewebe, können aber zu Krebszellen entarten. Dann entwickeln sie sich zu einem Osteoklastom oder Riesenzelltumor. Diese Art von Krebs befällt vor allem die Enden langer Knochen.

KNOCHENKREBS-VORLÄUFERZELLEN AUF DER OBERFLÄCHE EINES KNOCHENS

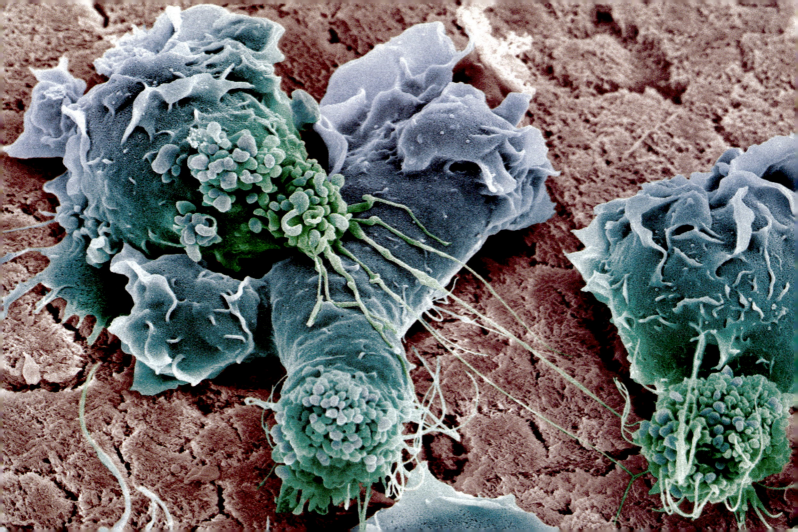

# Herzmuskel

DIE VON LINKS NACH RECHTS VERLAUFENDEN MUSKELFASERN bestehen aus zahlreichen Myofibrillen, die man aber nicht klar erkennt. Quer zu den Fasern erstrecken sich Z-Scheiben (im Bild senkrecht), die anzeigen, wo die Myofibrillen in den Muskelfasern enden und jeweils ein neuer kontraktiler Abschnitt beginnt (Sarkomer genannt). Die Herzmuskulatur wird überwiegend nicht bewusst gesteuert und zieht sich pausenlos rhythmisch zusammen, um Blut durch den Körper zu pumpen.

GEFRIERBRUCH DURCH GESUNDE HERZMUSKELFASERN
12 800

# Glatte Muskulatur

MIT DER GEFRIERBRUCHTECHNIK wurden einige Fasern der glatten Muskulatur so gekappt, dass die feinen Fäserchen sichtbar werden, aus denen sie aufgebaut sind. Glatte Muskulatur findet sich beispielsweise im Verdauungssystem und rings um die Blutgefäße. Sie steht nicht unter willentlicher Kontrolle, sondern wird vom vegetativen Nervensystem und von Hormonen gesteuert. Glatte Muskeln sind langsam, aber ausdauernd.

GEFRIERBRUCH DURCH EIN BÜNDEL GLATTER MUSKELFASERN (BRAUN) UND EIN BLUTGEFÄSS (ROSA, OBEN)

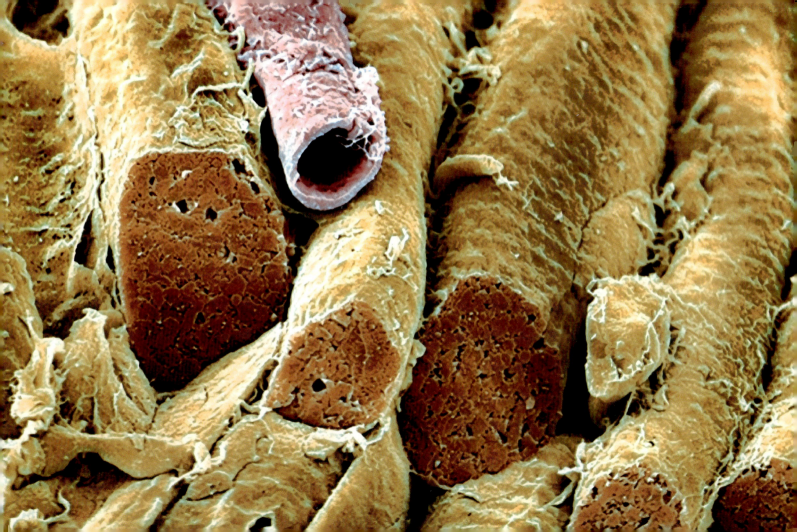

# Kapillaren auf einem Muskel

**Das Kapillarnetzwerk versorgt den Muskel** mit Sauerstoff und Nährstoffen, aus denen er durch Atmung Energie gewinnt. Das Blut entsorgt auch das Abfallprodukt der Atmung, Kohlendioxid. Die Kapillaren sind so fein, dass ein rotes Blutkörperchen (Erythrozyt) gerade noch hindurchpasst.

KAPILLAREN (ROT) TRANSPORTIEREN BLUT ZU DEN MUSKELFASERN (BRAUN).

1500

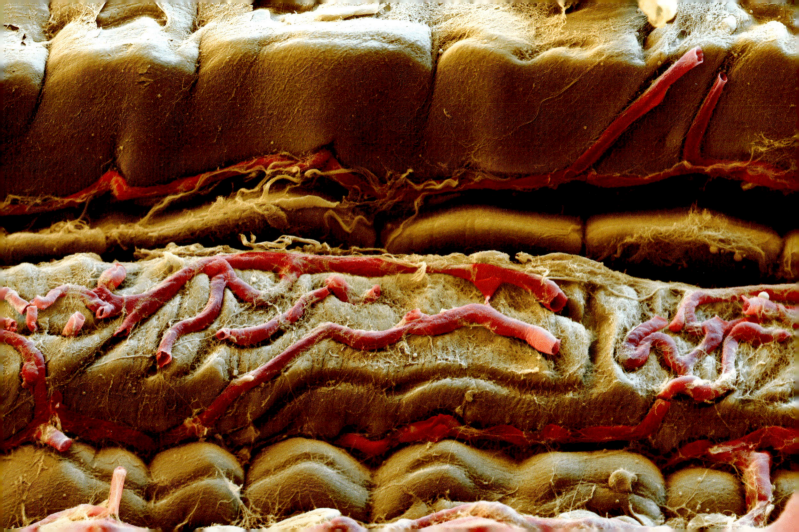

# Blutgefäße

DIESES ADERNETZWERK VERSORGT DAS GEWEBE, in das es eingebettet ist, mit Blut. Zwischen dem Blut und den umliegenden Zellen werden durch die durchlässigen Wände der Kapillaren – der feinsten Gefäße – Gase und Nährstoffe ausgetauscht. Dieses Präparat wurde durch Injektion von Harz in die Adern erzeugt. Danach wurde das umliegende Gewebe chemisch abgebaut.

AUSGUSSPRÄPARAT DER BLUTGEFÄSSE EINES LYMPHKNOTENS

105

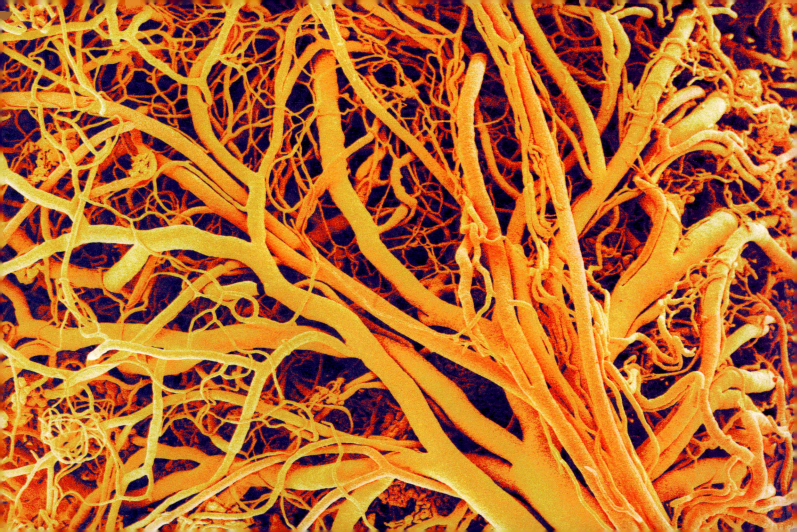

# Sekretorische Gefäßzellen im Gehirn

DER PLEXUS CHOROIDEUS ist ein Geflecht aus feinsten Blutgefäßen in den vier Ventrikeln (flüssigkeitsgefüllten Hohlräumen) des Gehirns. Die Spitzen sind angeschwollen, da hier Gehirn- und Rückenmarksflüssigkeit produziert und in die Ventrikel ausgeschüttet wird. Dieser Liquor cerebrospinalis umgibt und schützt das Gehirn und das Rückenmark.

GEFRIERBRUCH DES PLEXUS CHOROIDEUS IM GEHIRN. DIE BRUCHEBENE (GRAU) HAT DIE SENKRECHTEN SÄULEN DER SEKRETORISCHEN ZELLEN FREIGELEGT, DEREN ENDEN DIE OBERFLÄCHE BILDEN (OBEN).

16000

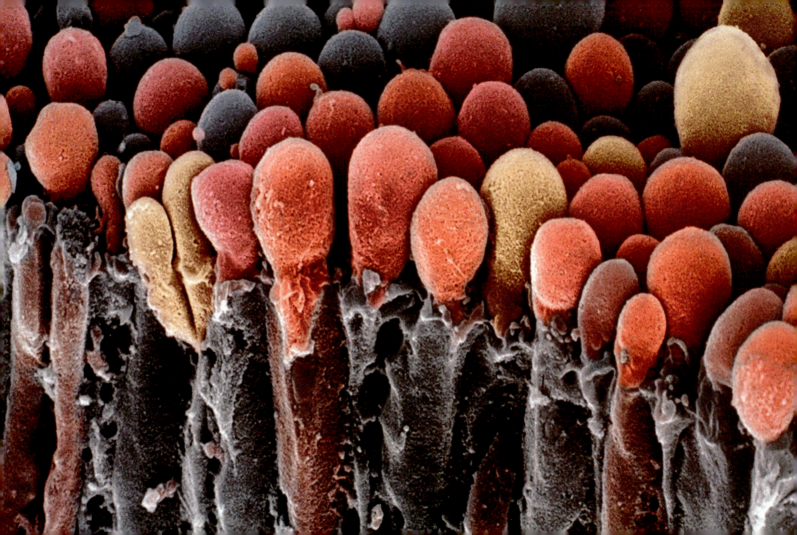

# Nierenstein-Kristall

**NIERENSTEINE BILDEN SICH,** wenn Salze aus dem Harn ausgefällt werden – meistens Calciumoxalat. Die runden, harten Steine können starke Schmerzen und Fieber auslösen, sobald sie durch die Harnröhre wandern. Sie können auch die Niere beschädigen und ihre Leistungsfähigkeit beeinträchtigen. Große Steine müssen manchmal operativ entfernt oder durch Ultraschall zertrümmert werden.

DIE KRISTALLINE OBERFLÄCHE EINES NIERENSTEINS (CALCULUS)

450

## Kristalle in einem Blutgerinnsel

Bei einem Schnitt in der Haut werden kleine Blutgefäße zerrissen, aus denen Blut austritt. Manche der Proteine im Blutplasma, zum Beispiel Albumin, verfestigen sich an der Luft und kristallisieren über der Wunde (rosa). Andere Bluteiweißstoffe bilden dann einen Pfropf in der offenen Stelle, der einen weiteren Blutverlust stoppt und verhindert, dass Bakterien oder andere Fremdkörper in die Wunde eindringen können.

HUMANALBUMIN-KRISTALLE AUS EINEM BLUTGERINNSEL

1060

# Kristalle in einem Blutgerinnsel

**Dieses Bild zeigt – wie das vorige –,** dass Albumin aus dem menschlichen Blut auskristallisiert, wenn es in einer Wunde mit Luft in Berührung kommt. Menschliches Serumalbumin macht 60 Prozent des Gesamtproteins im Blutplasma aus und trägt damit einiges zum Blutvolumen bei. Albumin wird in der Leber hergestellt und dient auch dazu, den Hormon- und Calciumspiegel aufrechtzuerhalten sowie den Wasseraustausch zwischen dem Blut und den Körpergeweben zu regeln.

STAPEL VON ALBUMINKRISTALLEN AUS EINEM BLUTGERINNSEL IN EINER WUNDE

2400

# Blutgerinnsel

**Rote blutkörperchen** und kleinere Blutplättchen sind in einem Netz aus weißen Fasern gefangen, die aus dem unlöslichen Protein Fibrin bestehen. Blutgerinnung bedeutet, dass sich das Blut bei einer Gefäßverletzung verfestigt. An der Wunde sammeln sich Blutplättchen; sie regen die Bildung von Fibrin an und bilden mit ihm einen festen Pfropf. Ein Pfropf an der Hautoberfläche versiegelt die Wunde und verhindert weiteren Blutverlust. Entsteht er im Inneren eines beschädigten Gefäßes, so nennt man ihn Thrombus; er kann einen Herzinfarkt auslösen.

EIN BLUTGERINNSEL AUS EINEM GEWIRR VON FIBRINFÄDEN UND ROTEN BLUTKÖRPERCHEN

5900

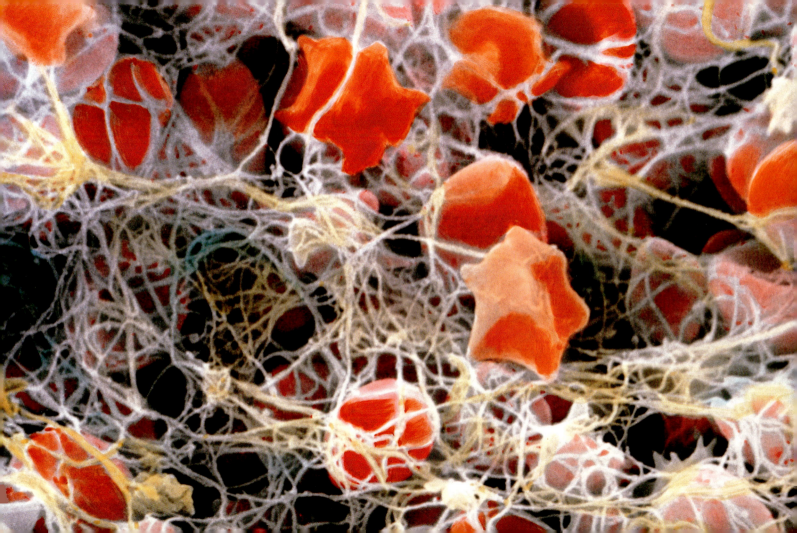

# Spermien

**Die winzigen,** in den Hoden produzierten männlichen Geschlechtszellen haben die Aufgabe, die weiblichen Eizellen zu befruchten. Jedes Spermium besteht aus einem ovalen „Kopf", der das männliche Erbgut (DNA) enthält, und einem langen Schwanz, mit dessen Hilfe es durch den weiblichen Fortpflanzungstrakt schwimmt. Während in den Eierstöcken normalerweise nur ein Ei pro Zyklus heranreift, enthält das Ejakulat eines Mannes etwa 300 Millionen Spermien.

MENSCHLICHE SPERMIEN (SPERMATOZOEN)

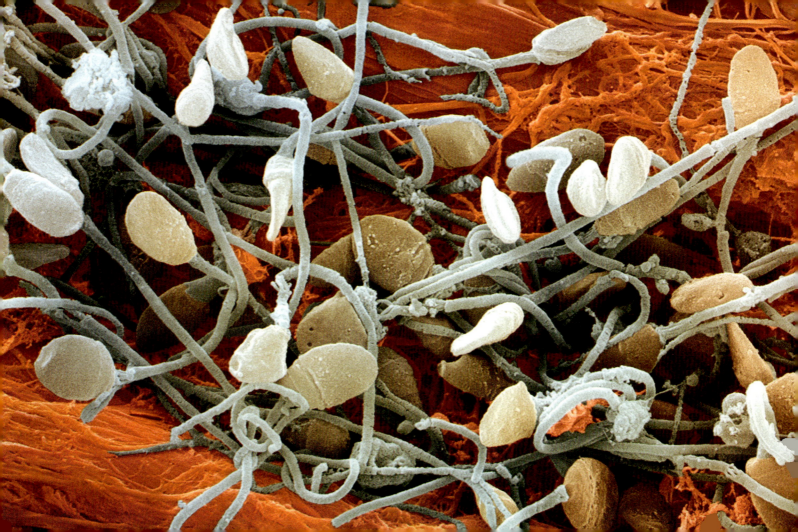

# Eileiter

**DIE BEIDEN EILEITER VERBINDEN** die Eierstöcke mit der Gebärmutter. Die sogenannten Fransen (Fimbriae) an der Öffnung eines Eileiters befinden sich dicht an den Eierstöcken. Die Schläge der winzigen Cilien auf den Falten bringen die Eizelle nach dem Eisprung auf den richtigen Weg. Wenn eine Eizelle im Eileiter einem Spermium begegnet, kann es zur Befruchtung kommen. Dann nistet sie sich in der Gebärmutterschleimhaut ein, und die Schwangerschaft beginnt.

FRANSEN (FIMBRIAE) EINES EILEITERS BEIM MENSCHEN

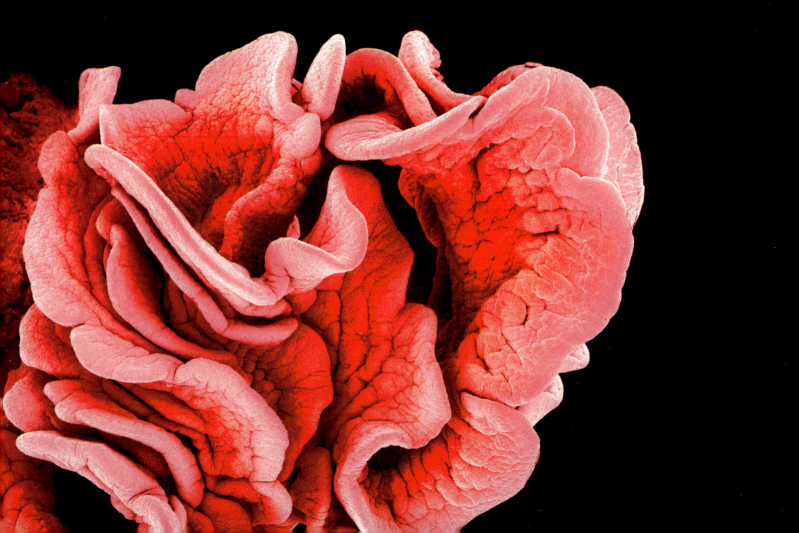

# Chromosomen

**Jedes chromosom besteht** aus zwei identischen Einzelsträngen, die in der Mitte am sogenannten Centromer zusammenhängen. So kompakt wie auf diesem Bild sehen Chromosomen nur während der Zellteilung aus. Sie kommen in jedem Zellkern vor und bestehen aus genetischem Material (DNA), das in Gene untergliedert ist, sowie assoziierten Proteinen. Mit Ausnahme der Geschlechtszellen – Spermien und Eier – enthält jede Körperzelle 46 Chromosomen: 23 von der Mutter geerbte und 23 vom Vater.

CHROMOSOMEN – DIE TRÄGER DER ERBANLAGEN

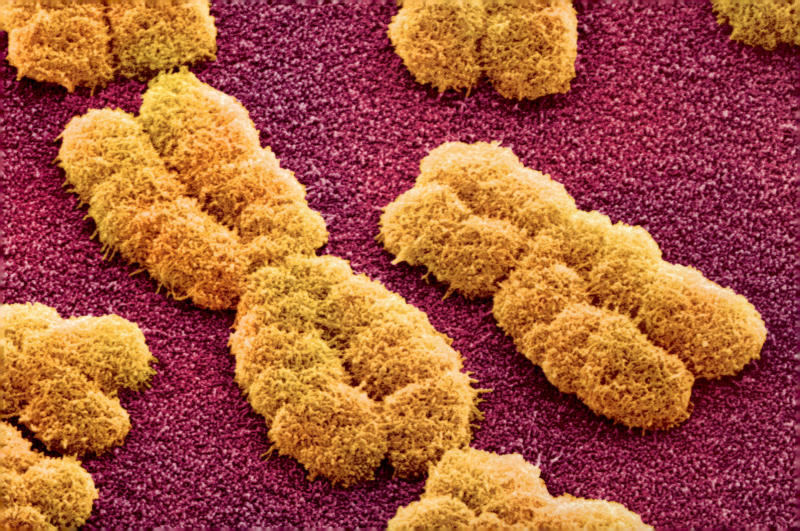

# Wimpern und Haut

**HAARE SIND HORNFÄDEN,** die aus dem faserigen Protein Keratin bestehen. Jedes Haar wächst aus einem eigenen Follikel oder Haarbalg in der Oberhaut hervor. Auf der Hautoberfläche erkennt man tote Hornzellen, die sich als Schuppen ablösen. Diese abgeflachten Zellen bilden sich aus den tieferen, lebenden Hautschichten nach. Aus den Wurzeln mehrerer Wimperhaare ragen die Hinterenden winziger Haarbalgmilben (*Demodex folliculorum*) hervor.

WIMPERN UND DIE OBERSTE SCHICHT DER MENSCHLICHEN HAUT

# Nasenschleimhaut

DIE NASENHÖHLE WÄRMT und feuchtet die eingeatmete Luft an und filtert sie. Ihre Schleimhaut enthält Zellen, die Feuchtigkeit absondern, Schleimdrüsenzellen sowie Sinneszellen. Der Schleim bindet Fremdkörper wie Bakterien und Staub und verhindert so, dass sie in die Lunge eindringen.

ZELLEN DES MEHRSCHICHTIGEN PLATTENEPITHELS DER NASENSCHLEIMHAUT

370

# Iriszellen des Auges

**Die pigmentzellen** (blau und braun) werden durch Bindegewebsfasern (weiß) locker zusammengehalten. Kleinere Makrophagen – die sogenannten Fresszellen des Immunsystems – sprenkeln die Oberfläche. Unter dieser Matrix der Iris liegen Muskelfasern, die sich reflexhaft zusammenziehen oder entspannen und so die Lichtmenge steuern, die durch die Pupille in der Mitte der Iris auf die Netzhaut fällt. Durch die lockere Netzwerkstruktur des Gewebes ist die Iris so beweglich.

OBERFLÄCHENZELLEN DER IRIS (DER FARBIGE TEIL DES AUGES)

1550

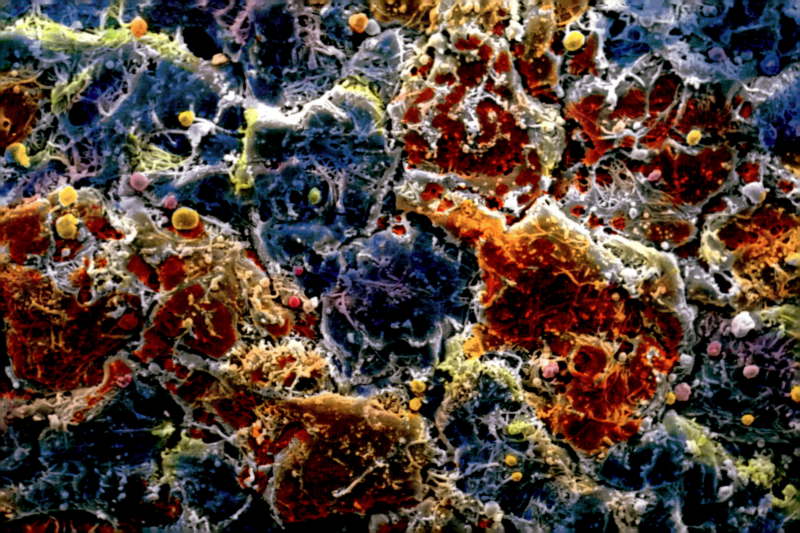

# Oberfläche der Augenlinse

**DIE LINSE,** die sich an der Vorderseite des Auges befindet, fokussiert das Licht auf die lichtempfindlichen Zellen in der Netzhaut an der Rückseite des Augapfels. Am Vorderrand der Linse befinden sich die kubischen (isoprismatischen) Epithelzellen.

DIESER GEFRIERBRUCH EINER AUGENLINSE ZEIGT DIE KUBISCHEN EPITHELZELLEN

# Die Zellen der Augenlinse

DIE LINSE IST DURCHSICHTIG, weil ihre Zellen keine Kerne haben und wie in einem Kristall strikt parallel angeordnet sind. Sie sind durch reißverschluss- oder kugelgelenkartige Strukturen fest miteinander verbunden. Im Querschnitt sind diese Zellen abgeflachte Sechsecke, die sehr regelmäßige Stapel bilden. Aufgrund ihrer lang gestreckten Form werden sie als Linsenfasern bezeichnet.

EIN GEFRIERBRUCH DURCH DIE LINSE DES MENSCHLICHEN AUGES ZEIGT DIE REGELMÄSSIGE SCHICHTUNG DICHT GEPACKTER ZELLEN, DER SOGENANNTEN LINSENFASERN.

# Blutgefäße des Auges

Die Aderhaut oder Chorioidea, eine Gewebeschicht unterhalb der Netzhaut, versorgt deren lichtempfindliche Zellen mit Blut, also mit Nährstoffen und Sauerstoff. Die Sehgrube oder Fovea centralis, die Netzhautregion mit der höchsten Sehschärfe bei Tage, enthält sehr viele Zäpfchen und wird daher besonders gut versorgt. Die Aderhaut enthält auch dunkle Pigmentzellen (blau), die das Licht absorbieren, das durch die Netzhaut gefallen ist. Auf diese Weise verhindern sie Reflexionen.

BLUTGEFÄSSE IN DER CHORIOIDEA ODER ADERHAUT DES AUGES. UNTER DER FOVEA CENTRALIS ERSTRECKT SICH EIN DICHTES NETZ AUS ARTERIEN UND VENEN.

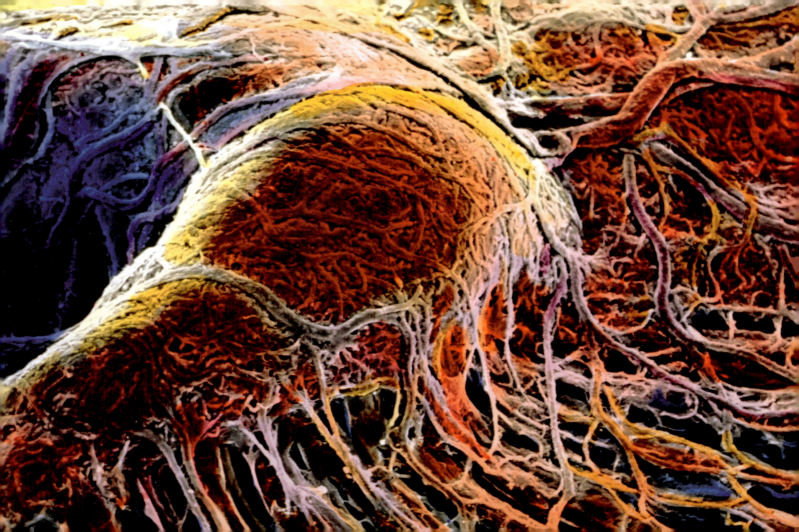

# Ziliarfortsätze des Auges

**Etwa 70 radiäre Ziliarfortsätze,** von denen hier acht zu sehen sind (blau), bilden einen Ring um die Augenlinse (weiter unten, nicht im Bild). Von diesem Ziliarkranz gehen die Zonulafasern (gelb) ab, die bis an den Äquator der Linse reichen. Die Fasern werden durch den Ziliarmuskel (nicht im Bild) gespannt, der die Form der Linse verändern und somit das Bild auf der Netzhaut scharf stellen kann. Oben sieht man Überreste des Glaskörpers (rosa).

**BLICK AUF DIE ZILIARFORTSÄTZE, AN DENEN DIE AUGENLINSE AUFGEHÄNGT IST**

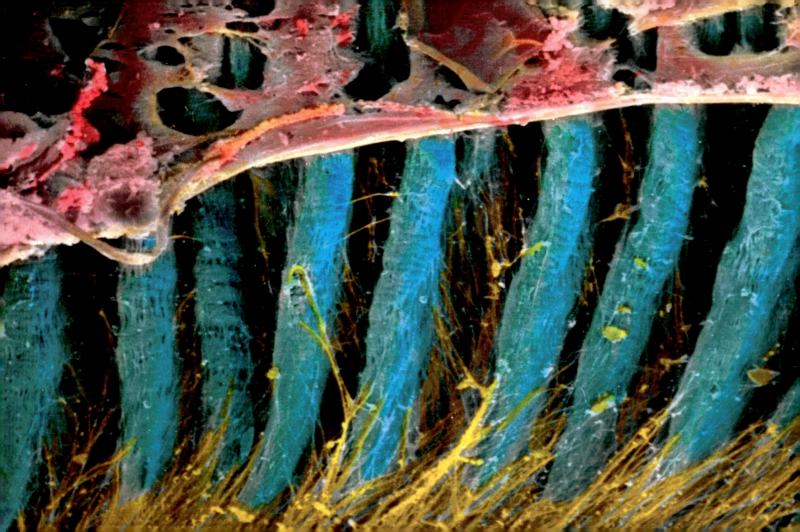

# Ziliarkörper

**Der Ziliarkörper** (obere Bildhälfte) bildet einen Ring zwischen der Iris (unten, nicht ganz im Bild) und der Aderhaut (ganz oben), die den Augapfel umgibt. Die gefärbte Iris erstreckt sich rings um die Pupille, durch die das Licht einfällt. Die Fortsätze des Ziliarkörpers halten die Linse hinter der Iris fest. Die Linse wurde hier entfernt. Der Ziliarkörper enthält auch den Ziliarmuskel, dessen Kontraktion die Krümmung der Linse ändert und den Lichtstrahl auf die Netzhaut fokussiert.

**SCHNITT DURCH EIN AUGE: VOM INNEREN DES AUGAPFELS AUS BLICKT MAN NACH AUSSEN AUF EINIGE DER STRUKTUREN AN DER VORDERSEITE DES AUGES.**

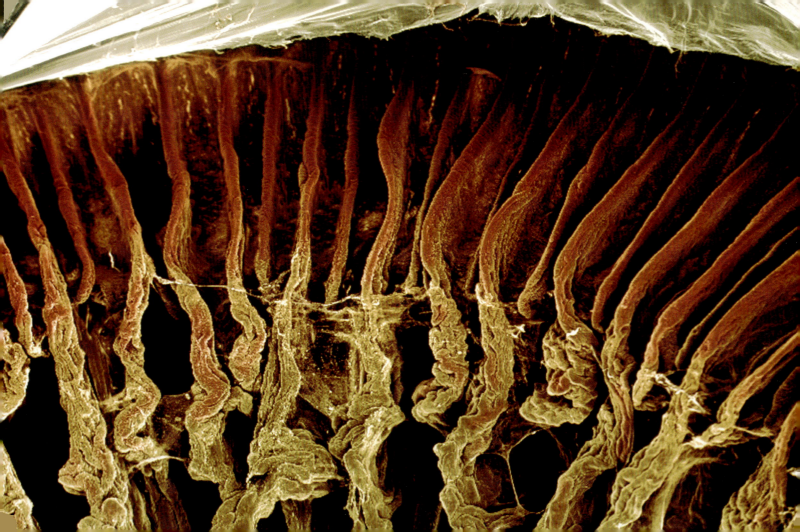

# Aderhaut des Auges

**IN DIESER EPITHELZELLE** der Chorioidea oder Aderhaut erkennt man den Kern (rot) und körnige Pigmente. Die Aderhaut umgibt den Augapfel und liegt zwischen dem Weiß des Auges (der Lederhaut) und der Netzhaut, in der sich die lichtempfindlichen Zellen befinden. Sie ist pigmentiert, um Reflexionen im Augeninneren zu verhindern, die zu Mehrfachbildern auf der Netzhaut führen würden.

SCHNITT DURCH EINE PIGMENTZELLE IN DER ADERHAUT DES AUGES

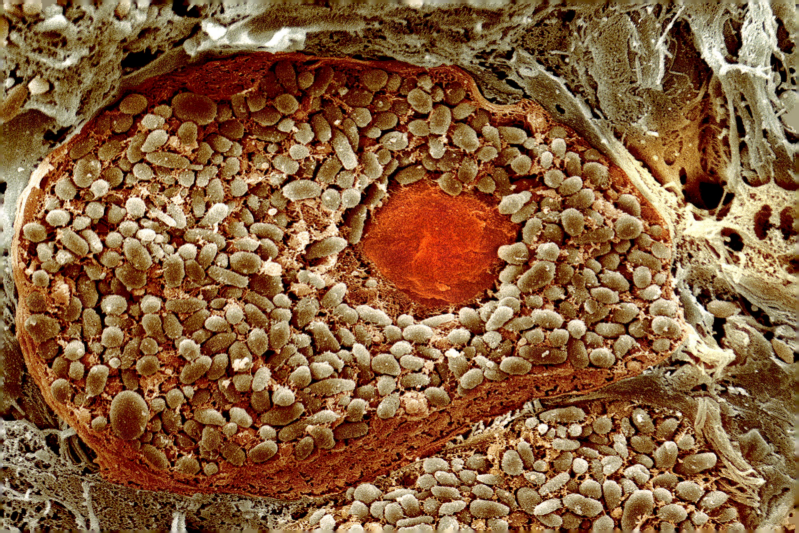

# Sinneshaare im Ohr

**Die sichelförmigen Strukturen** (Bildmitte) bestehen aus zahlreichen Stereocilien, den Auswüchsen der darunter liegenden Haarzellen. Schallwellen, die ins Innenohr dringen, verdrängen die Flüssigkeit um die Stereocilien, sodass sie sich krümmen. Darauf reagieren die Haarzellen durch Freisetzung eines Neurotransmitters, einer Substanz, die Nervenimpulse auslöst. Die Impulse wandern durch den Hörnerv ins Gehirn. So werden Informationen über die Stärke und Höhe eines Geräuschs übermittelt.

HAARZELLEN IN DER HÖRSCHNECKE (COCHLEA), DEM HÖRORGAN IM INNENOHR

4600

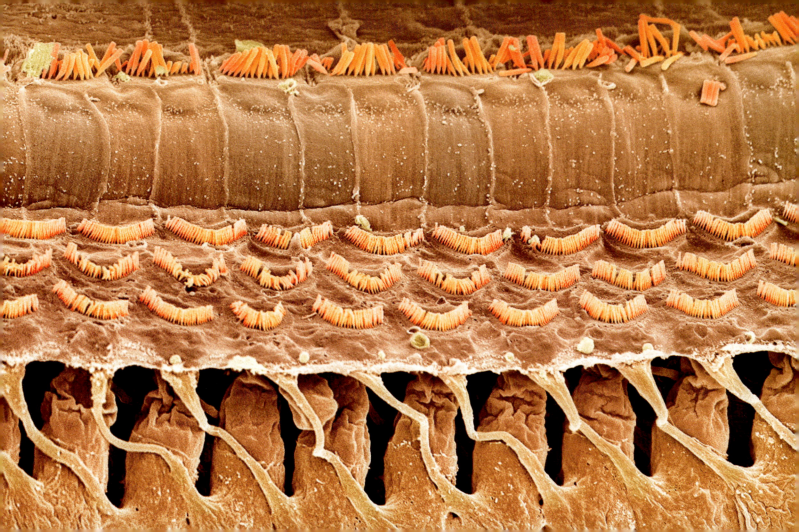

# Zunge

Es gibt mehr fadenförmige (rot; schlank und spitz) als pilzförmige Papillen (violett; rund und flach). Die fadenförmigen Papillen machen die Zungenoberfläche rau und erleichtern so die Nahrungsaufnahme. Rings um die Basis vieler der größeren pilzförmigen Papillen liegen Geschmacksknospen. Der unordentliche Eindruck entsteht durch tote Zellen, die sich ständig von der Oberfläche der Zunge ablösen.

ZUNGENRÜCKEN MIT ZWEI TYPEN VON PAPILLEN (ZUNGENWÄRZCHEN)

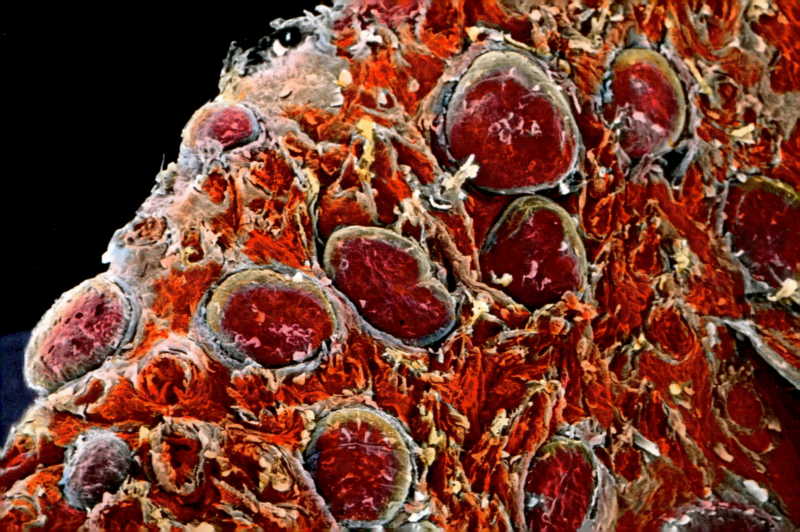

# Zungenpapillen

**AUFGRUND DER MECHANISCHEN BELASTUNG** sterben an der Oberfläche des Zungenepithels ständig Zellen ab, die beim Gebrauch zerreißen, sich ablösen und den Papillen ihr schuppiges Aussehen geben. Fadenförmige Papillen sind auf der Zunge in der Überzahl. Sie enthalten Nervenenden für Tastempfindungen und helfen beim Transport der Nahrung durch den Mund.

FADEN- BEZIEHUNGSWEISE KEGELFÖRMIGE PAPILLEN (ZUNGENWÄRZCHEN) AUF DER ZUNGE

650

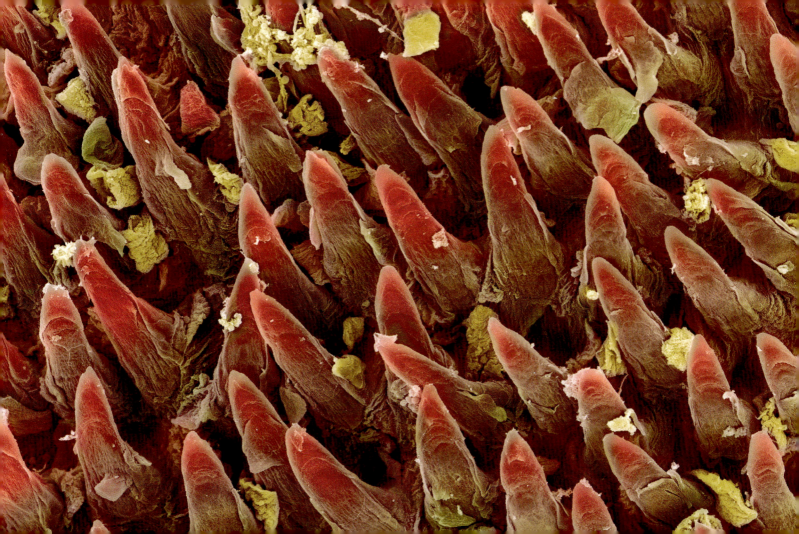

# Schleimhaut der Speiseröhre

**DIESES AN EINEN IRRGARTEN** erinnernde Gewirr feiner Falten (Microplicae) überzieht die Oberfläche der Epithelzellen und schützt die Haut der Speiseröhre vor Abrieb durch die Nahrung. Die Microplicae verhindern auch eine Austrocknung; sie halten Schleim und andere Drüsensekrete fest, sodass die Auskleidung feucht und glitschig bleibt. Die Speiseröhre (Ösophagus) ist ein Muskelrohr von etwa 25 Zentimeter Länge, das vom hinteren Teil der Kehle bis zum Magen reicht.

GEFALTETE SCHLEIMHAUT DER SPEISERÖHRE MIT BAKTERIEN

9500×

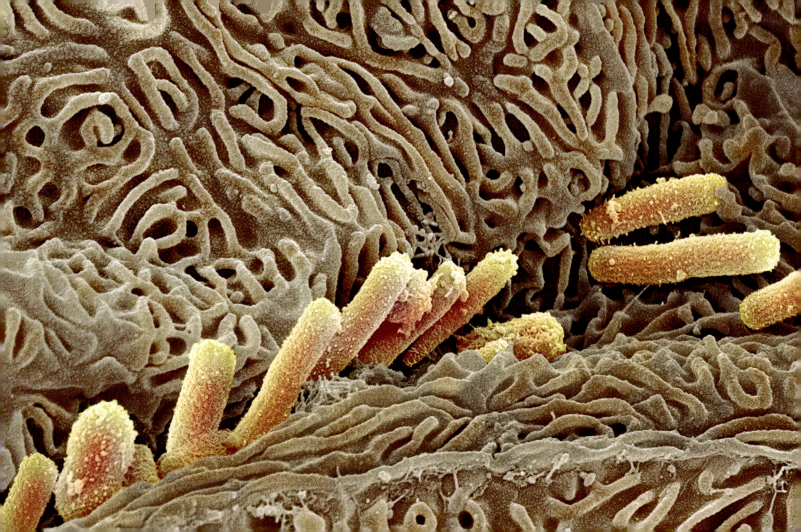

# Schleimhaut der Speiseröhre

DIE ÄUSSERSTE SCHICHT der Speiseröhrenschleimhaut besteht aus Plattenepithelzellen. Deren Oberfläche ist zu winzigen Falten (Microplicae) aufgewölbt, die den Abrieb durch Speisebröckchen reduzieren und den Weitertransport erleichtern. Im Verdauungstrakt, dessen oberster Teil die Speiseröhre ist, leben viele Bakterienarten, von denen die meisten für eine gesunde Verdauung nützlich sind. Stäbchenförmige Bakterien werden als Bazillen bezeichnet.

SCHLEIMHAUT DER SPEISERÖHRE MIT BAKTERIEN (ROT)
2500x

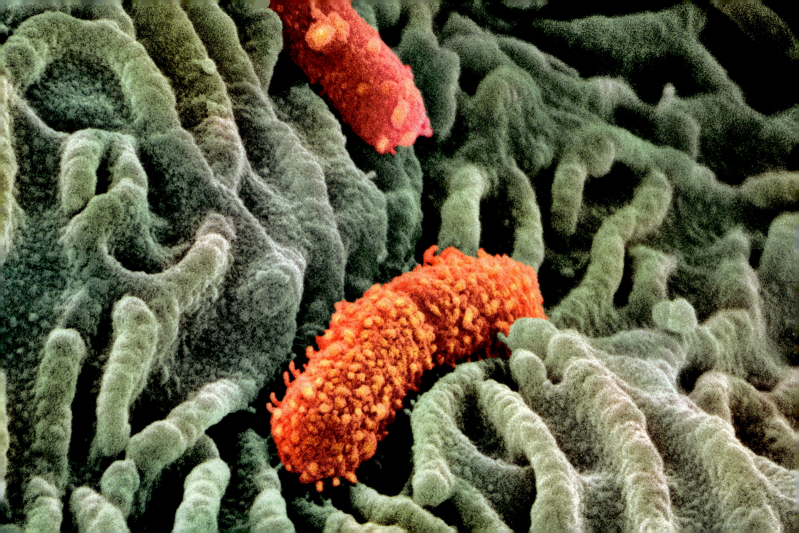

# Zotten des Zwölffingerdarms

**Zotten sind Ausstülpungen der Darmwand** in das Innere (Lumen). Sie vergrößern die Oberfläche des Zwölffingerdarms. Er scheidet Verdauungsenzyme und Magensäure neutralisierende Stoffe ab, und die Nahrung wird hier weiter verdaut. Die Nährstoffe aus dem Speisebrei werden in die Kapillaren der Zotten und damit in die Blutbahn resorbiert. Um die Resorption zu erleichtern, gibt es im Zwölffingerdarm besonders viele Zotten.

ZOTTEN DES ZWÖLFFINGERDARMS, DES ERSTEN DÜNNDARMABSCHNITTS

480

# Gallengang

**Die Gallengänge transportieren Galle** – eine dunkle, in der Leber produzierte Flüssigkeit – zur Gallenblase. Aus diesem Speicher wird sie in den Dünndarm geleitet, um den Abbau von Fetten zu unterstützen. Das Lumen (der Hohlraum) dieses Gangs, durch das die Galle fließt, ist abgeflacht. Der Gallengang ist von einer dünnen Zylinderepithelschicht (gelb) gesäumt und besteht darunter aus Bindegewebe, das dem lebenswichtigen Epithel Halt gibt und es mit Blut versorgt.

**QUERSCHNITT DURCH EINEN GALLENGANG BEI NIEDRIGER VERGRÖSSERUNG**

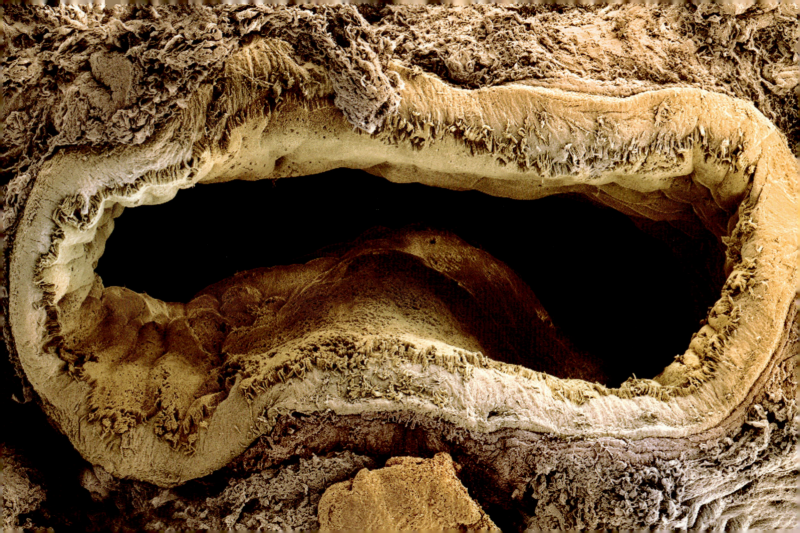

# Gallengang

**Die gewellte Auskleidung eines Gallengangs** (oben) besteht aus Zylinderepithel (gelb, quer durchs Bild). Die Epithelzellen tragen Microvilli, winzige fingerförmige Ausstülpungen, die die Kontaktfläche zum Lumen vergrößern. Dadurch können die Zellen Wasser und kleine Moleküle resorbieren und die Galle eindicken. Unter dem Epithel liegt die Lamina propria (braun, unten), eine gefäßreiche Bindegewebsschicht, die die Gänge mit Blut versorgt. Galle ist eine alkalische Flüssigkeit, die die Verdauung und die Aufnahme von Fetten und fettlöslichen Vitaminen im Dünndarm fördert.

GEFRIERBRUCH DURCH DIE INNERE OBERFLÄCHE EINES GALLENGANGS

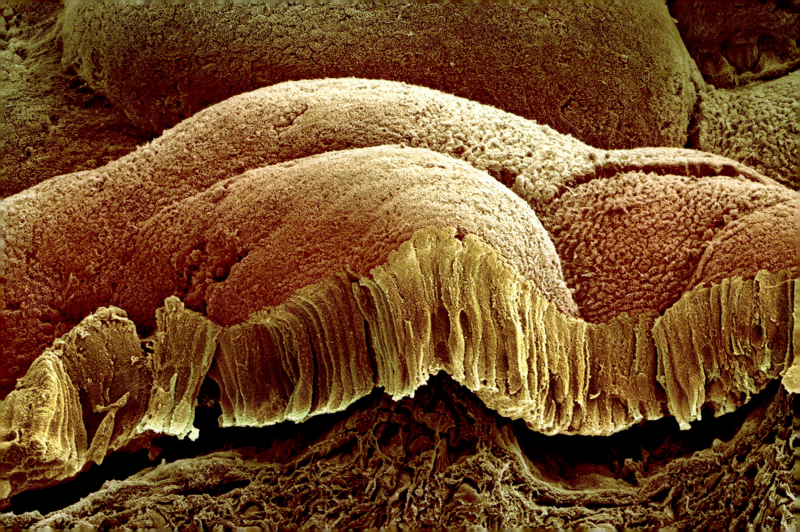

# Darmepithel

**Zotten vergrössern die Darmoberfläche,** durch die Nährstoffe aus dem Speisebrei ins Blut übertreten. Das Epithel (die gefaltete Außenschicht) einer Zotte besteht aus Enterozyten, die für die Nährstoffresorption zuständig sind, und Becherzellen, die Schleim absondern. Das Innere der Zotte, das durch den Bruch sichtbar wird, enthält Blutgefäße, die Verdauungsprodukte in eine nahe gelegene Vene abtransportieren.

QUERSCHNITT DURCH EINE ZOTTE IN DER DÜNNDARMWAND

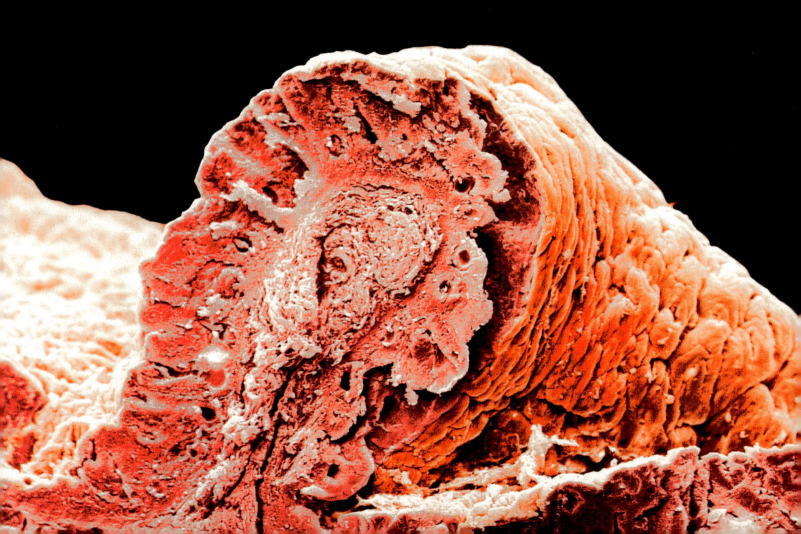

# Dickdarm-Schleimhaut

**ÜBER DIE AUSKLEIDUNG DES DICKDARMLUMENS** (oben) werden den Speiseresten letzte Nährstoffe, Wasser und andere Moleküle entzogen. Die Dickdarm-Schleimhaut besteht aus einem Zylinderepithel (dünne Zellschicht, Bildmitte). Unter dem Epithel liegen größere, röhrenförmige Drüsen (Lieberkühn'sche Krypten), von denen hier fünf zu sehen sind. Ihre wichtigste Aufgabe ist die Absonderung von Schleim, der den Kot leichter über die Oberfläche gleiten lässt. Die gelbe Schicht am unteren Rand ist Bindegewebe.

GEFRIERBRUCH DURCH DIE SCHLEIMHAUT DES DICKDARMS (COLONS)

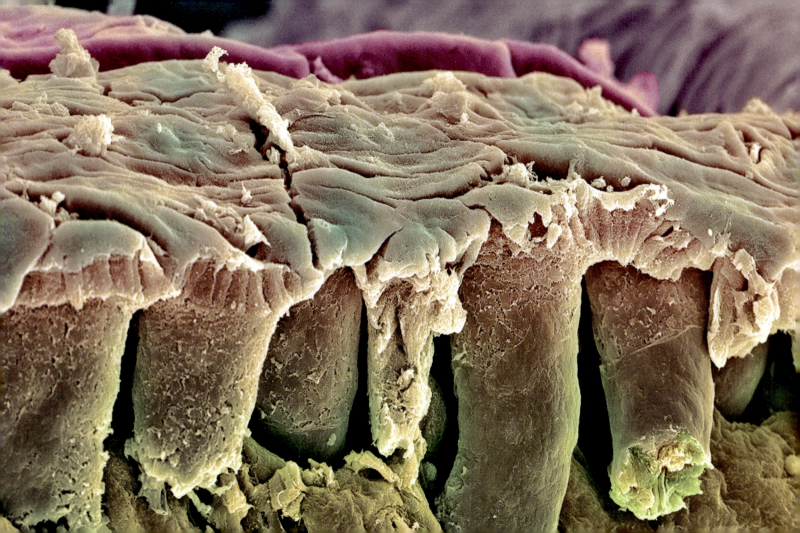

# Chronische Dickdarmentzündung (Colitis ulcerosa)

**Diese Krankheit geht mit starken Schmerzen** und einer Entzündung der Dickdarm-Schleimhaut einher. Die Schleimhaut (dunkelrosa, Mitte) enthält Becherzellen, die Schleim (rosa, oben) absondern. Die Zahl dieser Drüsen ist bei den Patienten reduziert, sodass das Epithel leichter Geschwüre entwickelt. Im Gefäßgewebe unter der Schleimhaut sieht man rote Blutkörperchen (rot).

GEFRIERBRUCH DURCH DIE DICKDARM-SCHLEIMHAUT EINES PATIENTEN MIT COLITIS ULCEROSA

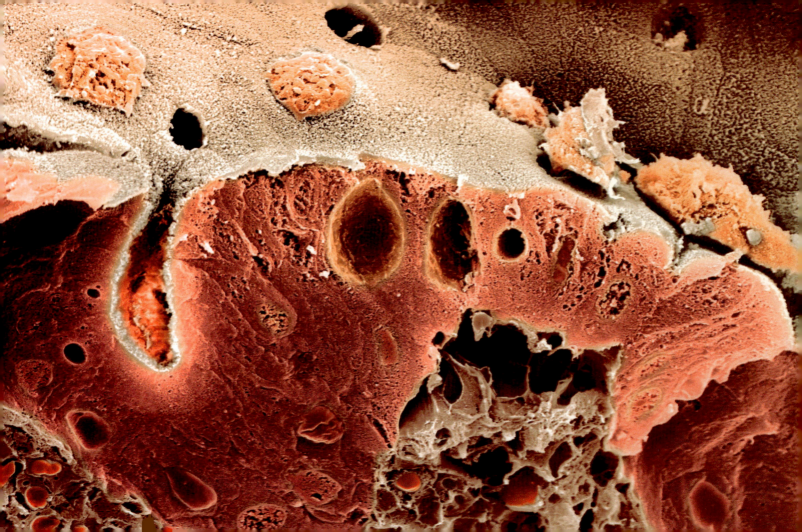

# Purkinjezellen

**Das kleinhirn** setzt sich zusammen aus einer grauen Rinde, die die Zellkörper enthält, und weißer Substanz im Inneren, die nur aus Nervenfasern besteht. Dieses Bild zeigt zwei Purkinjezellen (rot) in der Rinde, von denen zahlreiche verästelte Dendriten und ein dickeres Axon abgehen. Die Dendriten leiten Nervenimpulse an den Zellkörper weiter; so erhält jede Purkinjezelle Informationen von vielen anderen Nervenzellen, mit denen sie verbunden ist. Purkinjezellen gehören zu den größten Nervenzellen (Neuronen) im Körper.

ZWEI PURKINJEZELLEN AUS DEM KLEINHIRN, DAS FÜR DEN GLEICHGEWICHTSSINN, DIE KÖRPERHALTUNG UND DIE MUSKELKOORDINATION ZUSTÄNDIG IST

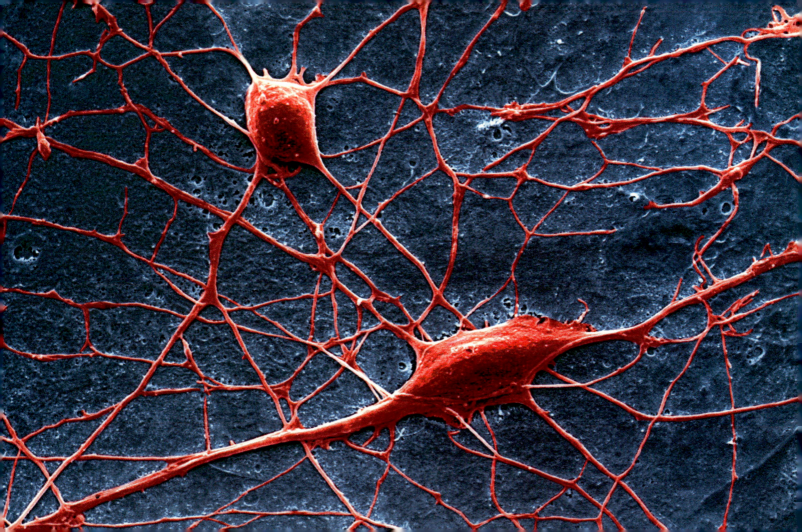

# Myelinisierte Nervenfaser

**IN DER MITTE SIEHT MAN EIN AXON** (rot), eine Faser, durch die eine Nervenzelle Impulse weiterleitet. Bei einem myelinisierten Nerv ist diese Faser von einer fettreichen Isolierschicht umhüllt (Myelinscheide, braun). Das Myelin schirmt die Faser von ihrer Umgebung ab und beschleunigt so die Signalübertragung. Nerven sammeln und verarbeiten Informationen und leiten sie an andere Stellen im Körper weiter, zum Beispiel an Muskeln oder Organe wie das Gehirn.

QUERSCHNITT DURCH EINE NERVENFASER MIT UMLIEGENDER MYELINSCHEIDE

28000

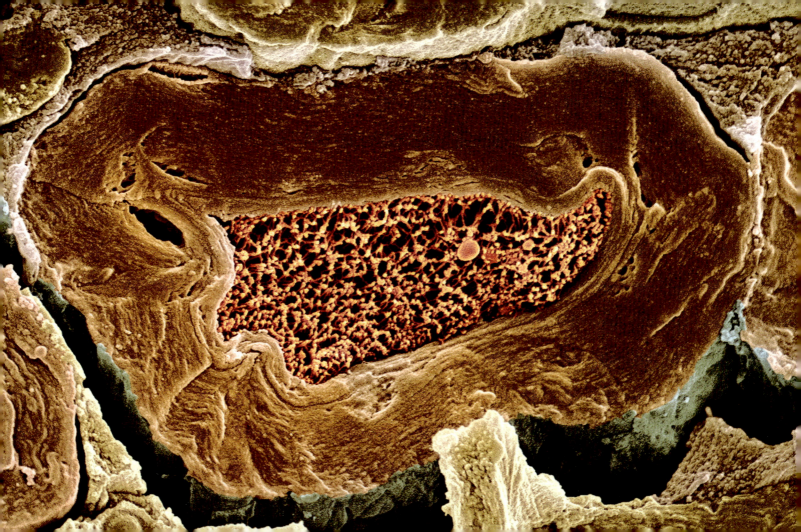

## Wachstum von Nervenzellen

**Neuriten** (dünne Stränge, entweder Axone oder Dendriten) verbinden Nervenzellkörper miteinander. Kurze Neuriten leuchten hier grün, lange rot. Links und rechts sieht man zwei große Verbände von Nervenzellkörpern, im Hintergrund die Kerne eines anderen Zelltyps. Neuronen leiten elektrische Signale durch den Körper, vor allem durch das Gehirn und Rückenmark. Diese Nervenzellen wurden aus NT2-Zellen gezüchtet, Vorläuferzellen aus einem menschlichen Teratokarzinom, die sich zu Nervenzellen entwickeln können.

IMMUNFLUORESZENZMIKROSKOPISCHE AUFNAHME VON NERVENZELLEN (NEURONEN), DIE IN EINER KULTUR WACHSEN

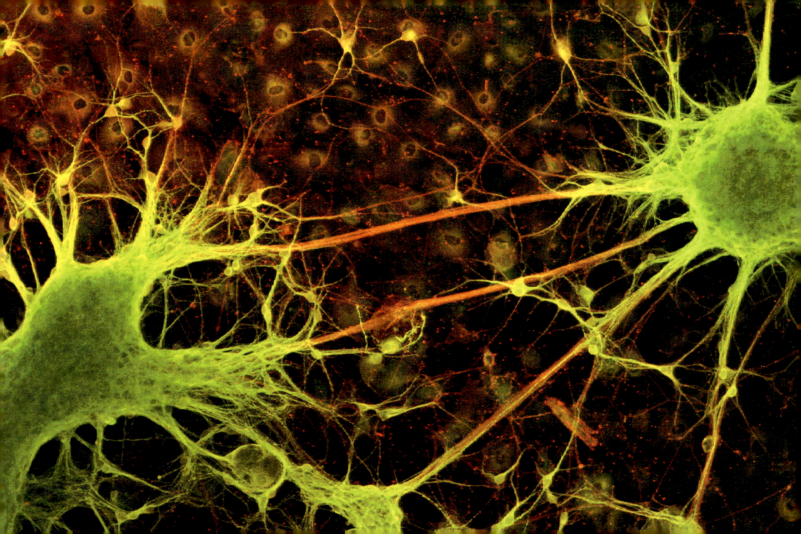

# Nervenzelle auf einem Mikrochip

**Diese nervenzelle** wurde auf einem Chip kultiviert und hat sich mit benachbarten Zellen (zum Beispiel am linken Rand) vernetzt. Unter jedem Neuron liegt ein Transistor, der „seine" Zelle anregen kann. Diese gibt das Signal dann an die mit ihr verknüpften Neuronen weiter, die wiederum „ihre" Transistoren aktivieren. Das Experiment zeigt, dass hybride Neuron-Halbleiter-Schaltkreise machbar sind. Es wurde am Max-Planck-Institut für Biochemie in Martinsried durchgeführt.

NERVENZELLE AUF EINEM MIKROCHIP. SIE WURDE ZWISCHEN DEN KUNSTSTOFF-STIFTEN IMMOBILISIERT.

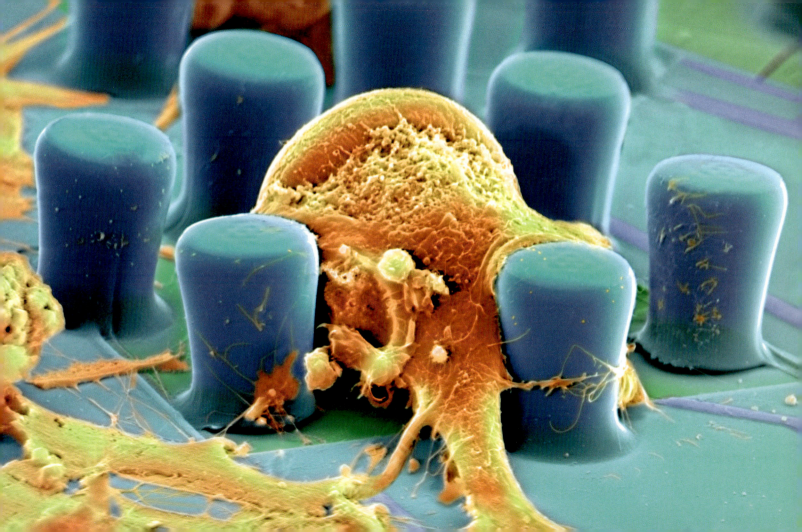

# IV

# Zoologie

# Spicula eines Schwamms

**SCHWÄMME SIND TIERE,** die ihre Nahrung aus dem Wasser filtern. Sie bestehen aus lockeren Zellaggregaten, die durch ein Skelett aus Spicula zusammengehalten werden. Ein Sklerit, der kleinste Baustein, besteht aus Kalziumkarbonat oder Kieselsäure und ist nadel-, stern- oder gabelförmig. Oft läuft er dorn- oder hakenartig aus. Schwämme der Gattung Tethya werden durch Kieselsäure-Spicula und Fasern des Proteins Spongin zusammengehalten. Die Form der Spicula ist artspezifisch und wird zur Bestimmung herangezogen.

SPICULA DES SCHWAMMS TETHYA MINUTA

32000

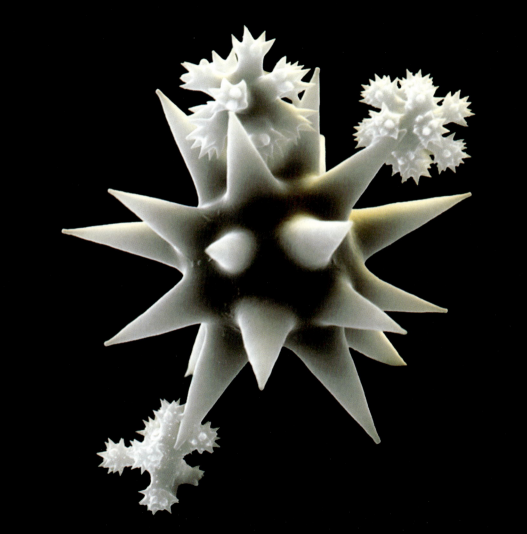

# Kolonie von Rädertierchen

**Diese Rädertierchen-Kolonie** besteht aus 50 bis 100 trompetenförmigen Einzelwesen, die am Fußende zusammenhängen, während die Körper ringsum nach außen ragen. Die Wimpern an den weißen Köpfen der Rädertierchen fangen im Wasser treibende Nahrungspartikel ein und strudeln sie zum Mund. Die Kolonie lebt planktonisch im Süßwasser. Durch koordinierte Wimpernschläge kann sie aktiv schwimmen.

LICHTMIKROSKOPISCHE AUFNAHME EINER KOLONIE VON RÄDERTIERCHEN DER ART CONOCHILUS HIPPOCREPIS

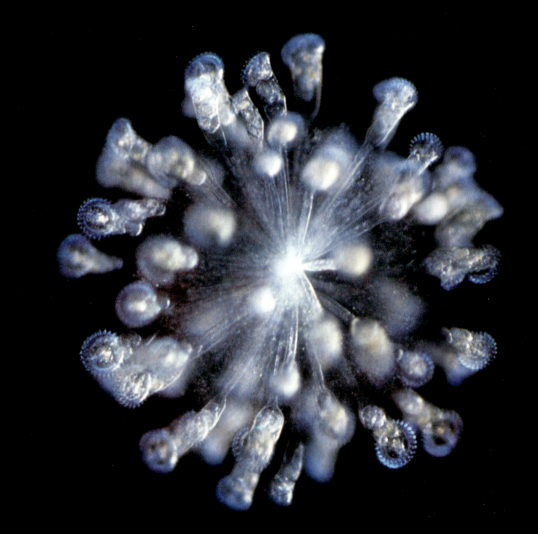

# Schmetterlingseier

SCHMETTERLINGE legen ihre Eier oft direkt auf die künftigen Futterpflanzen der Larven, die bei ihnen Raupen heißen. Aus diesen Eiern ist der Nachwuchs bereits geschlüpft, wie man an den runden Öffnungen erkennt, an denen meist noch der Deckel hängt. Die haben die Raupen mithilfe ihrer Mundwerkzeuge aufgeschnitten.

GELEGE EINES UNBEKANNTEN SCHMETTERLINGS AUF EINER HIMBEERPFLANZE

# Raupenfüßchen

**Die ringe aus winzigen haken** an den Unterseiten der Füße erlauben es den Raupen (Larven) der Schmetterlinge, sich beim Fressen auf ihrem Untergrund – normalerweise ein Blatt – festzuhalten. Man erkennt auch lange, berührungsempfindliche Haare. Die flexible, schrumpelige Rumpfhülle ermöglicht der Larve ein rasches Wachstum.

PAARIGE FÜSSE AN DER UNTERSEITE EINER RAUPE (ART UNBESTIMMT, ORDNUNG LEPIDOPTERA)

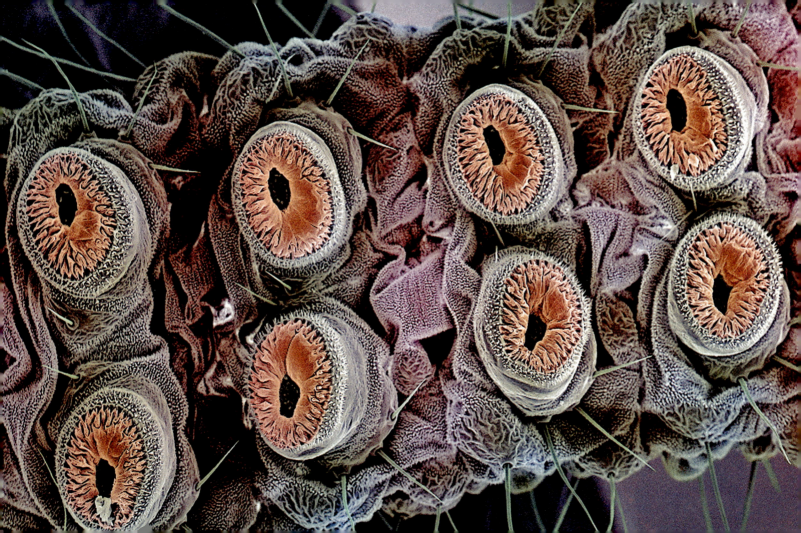

# Augen einer Vogelspinne

**Vogelspinnen sind giftig** und jagen Insekten, Echsen oder Vögel. Um ihre Beute mit einem kräftigen Biss zu erlegen, brauchen sie ein gutes Sehvermögen. Die mexikanische Rotknie-Vogelspinne hat aber recht kleine Augen, da sie sich eher an Geräuschen und Vibrationen orientiert, die sie mithilfe von Beinhaaren erspürt. Die Augen sitzen an einem Höcker auf dem Kopf. Diese nachtaktive Art erreicht eine Körperlänge von zehn Zentimetern; sie lebt in den Wüsten Mexikos und der südlichen USA.

DIE ACHT AUGEN (ZWEI VIERERGRUPPEN) AM KOPF EINER MEXIKANISCHEN ROTKNIE-VOGELSPINNE (BRACHYPELMA SMITHI)

# Augen einer Springspinne

**Diese kleine tropische Spinne** hat starke Hinterbeine und kann Sätze machen, die das Fünfzigfache ihrer Körperlänge messen. Zum Beutefang braucht sie keine Netze, da sie ihre Beute direkt anfällt. Ihr hervorragendes Sehvermögen ermöglicht die Ortung der Opfer bereits aus der Ferne. Dann pirscht sie sich an und springt ab, wobei sie einen Sicherheitsfaden aus Seide auswirft.

FÜNF DER ACHT PUNKTAUGEN (OCELLI, ROSA) AUF DEM KOPF EINER SPRINGSPINNE (FAMILIE SALTICIDAE)

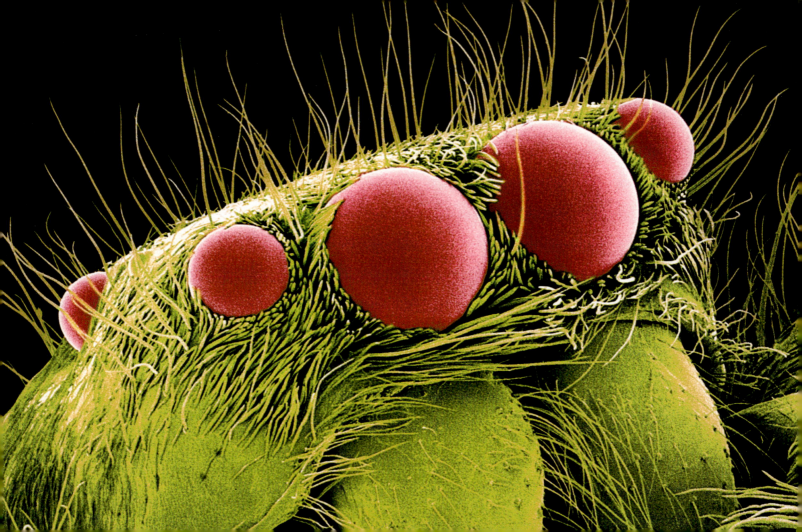

# Hausstaub

**Staub enthält etliche Stoffe,** die Asthma und Allergien auslösen können. Zu den Allergenen in diesem Bild zählen lange Haare (vielleicht aus Katzenfell), gedrehte Synthetik- und Wollfasern, gesägte Insektenflügelschuppen, ein Pollenkorn sowie weitere pflanzliche und tierische Überreste. Asthma und Heuschnupfen sind Überreaktionen auf Reizstoffe, die für die meisten Menschen harmlos sind. In der Luft schwebende Allergene können mit den Atemwegen, der Haut oder den Augen in Kontakt kommen.

EINE PROBE NORMALEN HAUSSTAUBS

# Gallmilben

**DIE SCHÄDLINGE** verdanken ihren Namen den Wucherungen (Gallen), die an den Blättern der befallenen Pflanzen entstehen. Diese Parasiten gehen an ganz unterschiedliche Pflanzen und richten an vielen Feldfrüchten sowie in Wäldern wirtschaftlichen Schaden an. Es gibt viele Hundert Gallmilbenarten, die jeweils andere Pflanzen bevorzugen.

GALLMILBEN (GATTUNG ERIOPHYES)

## 1115

# Milbe auf Honigbiene

**MILBEN HABEN MEIST ACHT BEINE,** ebenso wie die zu den Milben gehörenden Zecken und ihre gemeinsamen Verwandten, die Spinnen. Bienenmilben leben von der Körperflüssigkeit erwachsener Bienen und ihrer Puppen. Milbenweibchen legen ihre Eier in die Wachszellen, in denen die Bienenlarven leben. Die Entwicklung der Bienen wird durch Milben spürbar beeinträchtigt, und der Befall kann eine Kolonie sogar auslöschen.

EINE MILBE (GATTUNG VARROA, MITTE OBEN) AUF EINER HONIGBIENE (APIS MELLIFERA)

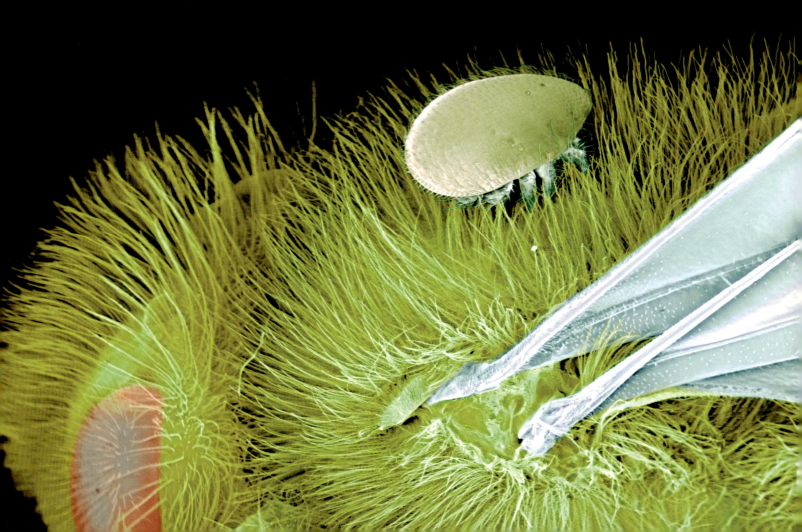

# Bienenmilben

**Selbst die kleine Honigbiene** wird von noch kleineren Geschöpfen bewohnt. Bienenmilben krabbeln durch den Pelz der Bienen und klammern sich dabei so gut fest, dass sie auch bei einem Flug ihres Wirts nicht hinunterfallen. Manche Arten ernähren sich, indem sie Löcher in die Körperdecke der Bienen beißen. Ein starker Befall bedeutet den Untergang eines Bienenvolks, was angesichts der Doppelrolle der Bienen als Pflanzenbestäuber und Honigproduzenten wirtschaftlich verheerend sein kann.

MILBEN AUF DEM BEHAARTEN KÖRPER EINER BIENE

# Genitalpore einer männlichen Hausstaubmilbe

**Zur paarung** klettert das Milbenmännchen auf den Rücken des Weibchens und dreht sich mit dem Kopf nach hinten. Mit zwei Saugnäpfen an seiner Unterseite (siehe Bild nächste Seite) hält es sich fest. Einmal in der richtigen Position richtet sich der Penis durch den Druck der Hämolymphe (Körperflüssigkeit) auf und dringt in die weibliche Genitalöffnung ein. In Möbeln, Federbetten und Stoffen eines normalen Hauses leben Abertausende der winzigen Staubmilben.

GENITALPORE EINER MÄNNLICHEN HAUSSTAUBMILBE (GATTUNG DERMATOPHAGOIDES).
UNTER DEN BEIDEN DECKELN IN DER MITTE LIEGT DER PENIS.

# Staubmilben-Saugnäpfe

**NEBEN DEM ANUS** befinden sich an der Unterseite der männlichen Staubmilbe zwei runde Saugnäpfe. Zur Paarung steigt das Männchen auf den Rücken des Weibchens, und während der Kopulation hält es sich damit an der Partnerin fest. Staubmilben leben im Haushalt und sind mit Spinnen und Skorpionen verwandt. Sie sind zu klein, um mit bloßem Auge gesehen zu werden und ernähren sich von den Schuppen der menschlichen Haut, die sich im Staub ansammeln.

SAUGNÄPFE NEBEN DEM ANUS EINER MÄNNLICHEN HAUSSTAUBMILBE (GATTUNG DERMATOPHAGOIDES)

2200

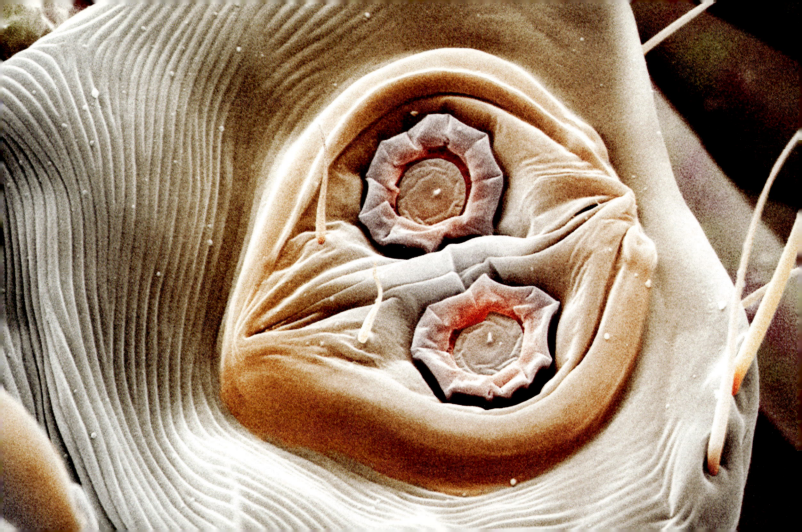

# Pärchenegel

**Diese Saugwürmer sind die Erreger** der Bilharziose, auch Schistosomiasis genannt. An dieser schweren Krankheit leiden nach Schätzung der WHO mehr als 200 Millionen Menschen weltweit. Erwachsene Saugwürmer dringen in den menschlichen Körper ein, wo sie mithilfe eines Saugnapfs andocken: entweder an einer Vene in der Nähe des Dickdarms oder an der Blase. Das Weibchen lebt nach der Paarung in der Bauchfalte des Männchens, wobei das Vorder- und Hinterende herausragen, da es länger als sein Partner ist. Das Weibchen produziert Hunderte von Eiern.

**KOPULIERENDE PÄRCHENEGEL (SCHISTOSOMA MANSONI), DIE BILHARZIOSE-ERREGER**

# Rüssel des Taubenschwänzchens

**Mit dem Saugrüssel** nehmen Tag- und Nachtfalter Nektar und andere Flüssigkeiten auf. Er besteht aus den beiden Unterkiefern, die zu Halbröhren umgeformt sind. Auch wenn sie hier getrennt aussehen, verbinden Nähte sie zu einer Röhre, die bei vielen Falterarten mehr als körperlang sein kann. Im Ruhezustand wird der Rüssel zusammengerollt. Das Taubenschwänzchen schwebt wie ein Kolibri vor einer Blüte, während es mit seinem langen Rüssel Nektar saugt. Der in Europa lebende Schwärmer ist tagaktiv.

RÜSSELSPITZE EINES TAUBENSCHWÄNZCHENS ODER KOLIBRISCHWÄRMERS
(MACROGLOSSUM STELLATARUM)

1150

# Blutgefüllte Zecke

Diese Zecke ist so mit Blut vollgesogen, dass ihre Beine zu beiden Seiten des Kopfes (dunkelbraun) gerade vom Körper abstehen. Es handelt sich um einen Gemeinen Holzbock (*Ixodes ricinus*), der Hauptüberträger der Lyme-Borreliose in Europa ist. Er lebt im feuchten Unterbewuchs europäischer Wälder und befällt verschiedene Wild- und Haustiere (darunter Hunde) sowie Menschen. Er überträgt das Bakterium *Borrelia burgdorferi*, das die Krankheit verursacht.

EINE ZECKE, DIE NACH EINER MAHLZEIT AUF EINEM SÄUGETIER KRÄFTIG ANGESCHWOLLEN IST

# Blattlaus

**BLATTLÄUSE TRETEN IN MASSEN AUF;** hier steht ein Exemplar auf mehreren Artgenossen. Ihre Mundwerkzeuge, mit denen sie die Adern der befallenen Blätter aufschneiden und aussaugen, sind scharf genug, um auf der Suche nach zuckerhaltigen Pflanzensäften Kutikula und Epidermis zu durchdringen. Die Blätter welken und fallen ab. Außerdem übertragen die Schädlinge beim Saugen Viruskrankheiten. Die Grüne Pfirsichblattlaus richtet zum Beispiel an Kartoffeln erhebliche Schäden an.

DIE GRÜNE PFIRSICHBLATTLAUS, MYZUS PERSICAE

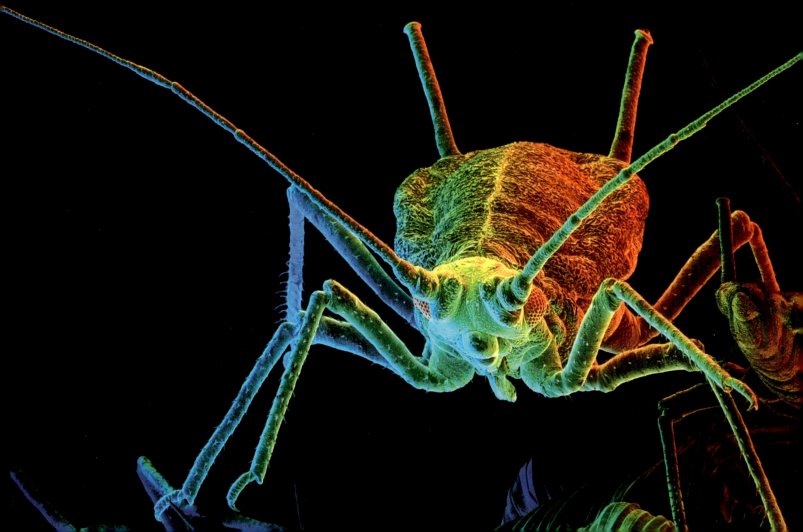

# Schmeißfliege bei der Eiablage

**Schmeissfliegen legen ihre Eier** auf Kadavern ab. Ein Verhalten, das sich Forensiker zunutze machen, um den Todeszeitpunkt eines Menschen zu bestimmen. Die Schmeißfliege findet eine Leiche anhand des Verwesungsgeruchs, manchmal Minuten nach dem Tod, und legt bis zu 300 Eier. Binnen 24 Stunden schlüpfen die Maden (Fliegenlarven) und fressen das sich zersetzende Fleisch. Die Eier werden gruppenweise rings um feuchte Körperöffnungen wie Nase, Ohren und Augen oder in offene Wunden gelegt. Frische, noch verschlossene Eier deuten darauf hin, dass der Tod erst kürzlich eingetreten ist.

EINE WEIBLICHE SCHMEISSFLIEGE (GATTUNG LUCILIA) LEGT EIER AB.

# Kopflaus

**Dieser parasit lebt in den haaren,** an denen er sich mit seinen sechs kräftigen Beinen festklammert, die jeweils in eine Klaue auslaufen. Er klebt seine Eier (Nissen genannt) in der Nähe der Wurzel an ein Haar. Die Kopflaus saugt Blut ihres Wirtes, was oft mit intensivem Juckreiz und Entzündungen der Kopfhaut einhergeht. Ein Kopflausbefall kann mit arzneimittelhaltigen Shampoos bekämpft werden.

EINE KOPFLAUS (PEDICULUS HUMANUS CAPITIS) UMKLAMMERT EIN HAAR.

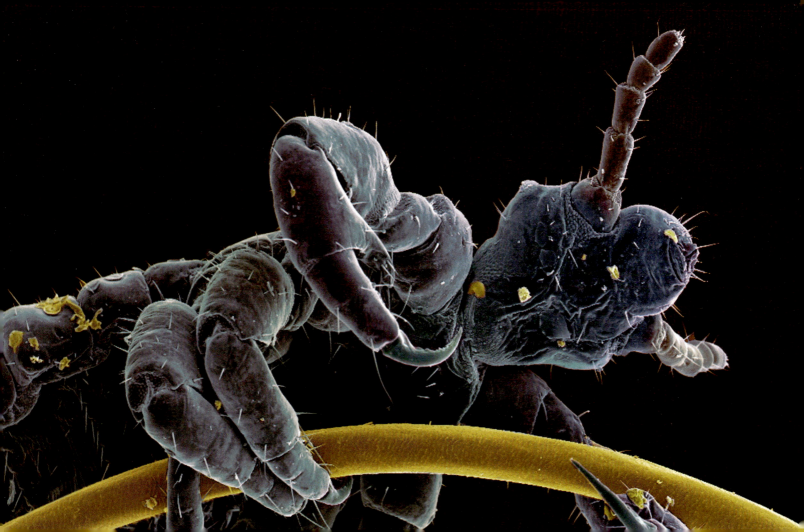

# Mückenkopf

**Die beiden grossen Komplexaugen** dominieren den Kopf. Jedes Auge besteht aus zahlreichen Einzelaugen (auch Ommatidien genannt). Dieser Augentyp erlaubt die Wahrnehmung kleinster Bewegungen, hat aber eine geringe räumliche Auflösung. Die beiden Antennen der Stechmücke sind zwischen den Augen im Kopf verankert; rings um den Kopf sieht man viele Haare. Etliche Stechmückenarten übertragen Krankheiten wie Malaria oder Gelbfieber.

AUGEN UND ANTENNEN AM KOPF EINER STECHMÜCKE (FAMILIE CULICIDAE)

# Wespenkopf

**Zwei grosse Komplexaugen** (violett) nehmen die Seiten des Kopfes ein. Zwischen den Augen befinden sich die zusammengerollten Antennen, mit denen die Wespe Gerüche wahrnimmt. Ihre kräftigen Kauladen (Mandibeln) sitzen direkt unter den Augen; die Vorderbeine entspringen am ersten Thorax-Segment. Wespen sind sehr nützlich zur Bekämpfung von Schadinsekten. Zu fast jedem Schädling gibt es eine passende räuberische oder parasitische Wespenart.

VORDERANSICHT DES KOPFES EINER WESPE (ORDNUNG HYMENOPTERA)

# Antenne eines Nachtfalters

**Die beiden langen Antennen am Kopf** sind die wichtigsten Sinnesorgane eines Falters. Wie der restliche Kopf können auch die Antennen mit Schuppen oder Haaren bedeckt sein – wie in diesem Bild. Die Sinneshaare reagieren auf Berührung und auf bewegungsbedingte Vibrationen. Sie fungieren außerdem als Nase, mit deren Hilfe ein Nachtfalter Nahrungsquellen erschnuppert. Zur Paarungszeit orten die Männchen weibliche Artgenossen anhand der Sexuallockstoffe (Pheromone), die diese verströmen.

DIE ANTENNE EINES NACHTFALTERS (ORDNUNG LEPIDOPTERA)

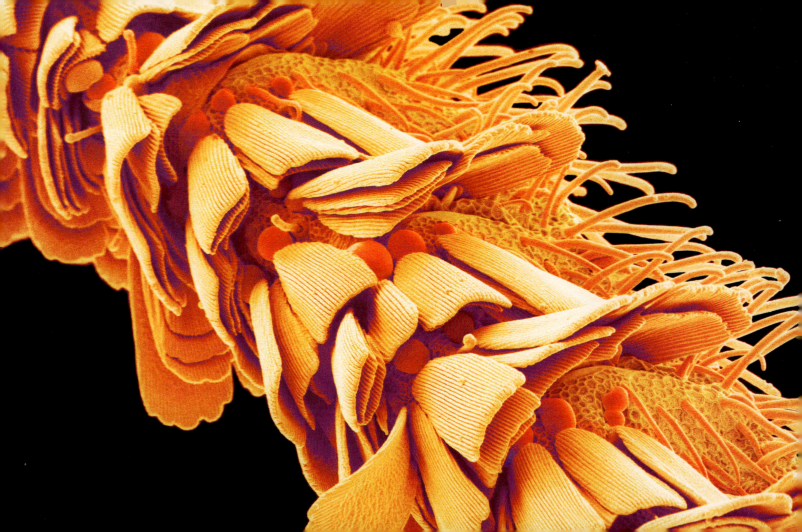

# Flügelschuppen eines Schmetterlings

**Die schillernden Schuppen** eines Schmetterlings überlappen sich wie die Schindeln eines Hausdaches. Sie lassen Wärme und Licht hinein und isolieren das Insekt gegen Auskühlung. Oft sind sie prächtig gefärbt, und so dient das Flügelmuster zur Identifizierung oder zur Warnung. Der metallische Schimmer rührt von den feinen Längsrillen her.

SCHUPPEN VOM FLÜGEL EINES TAGPFAUENAUGES (INACHIS IO)

# Schmetterlingsschuppen

DIE FARBE EINES SCHMETTERLINGSFLÜGELS wird durch die Pigmente in seinen Schuppen sowie von der Beugung des Lichts an deren Oberfläche bestimmt. Die Schuppen wachsen aus der unter ihnen liegenden Haut, der Epidermis, hervor. Der Schwalbenschwanz bewohnt Felder und Wiesen in Europa, Nordafrika und in Teilen Asiens.

SCHUPPEN VOM FLÜGEL EINES SCHWALBENSCHWANZES (PAPILIO MACHAON)

# Haihaut

**Die scharfen, spitzen Placoidschuppen** werden auch als Hautzähnchen oder Dentikel bezeichnet. Ihretwegen fühlt sich Haihaut wie Schmirgelpapier an. Die Spitze jeder Schuppe besteht aus Dentin und einer darüberliegenden Zahnschmelzschicht. Der untere Teil der Schuppe, mit dem sie in der Haut verankert ist, besteht aus Knochen. Die Zähnchen stören die Turbulenzen über der Haut und verringern so den Strömungswiderstand des schwimmenden Hais beträchtlich. Dieses Prinzip haben Ingenieure auf Flugzeug- und Schiffshäute übertragen.

SCHUPPEN AUF DER HAUT EINES HAIS
## 135

# Schlangenhaut

Eine Schlangenhaut ist keineswegs glitschig, wie manche Menschen meinen, sondern trocken und zumeist glatt. Die Schuppen (hier im Bild grün/blau) geben dem Tier seine charakteristische Farbe und ein Tarnmuster; außerdem bieten sie mechanischen Schutz und den nötigen Halt, wenn es über den Boden gleitet. Die Haut zwischen den Schuppen sorgt für Flexibilität, aber um zu wachsen, muss sich eine Schlange mehrmals im Jahr häuten. Muster, Typ und Anordnung der Schlangenhautschuppen sind so einzigartig wie ein Fingerabdruck.

ABGESTREIFTE HAUT EINER UNBEKANNTEN SCHLANGE

■ Zoologie

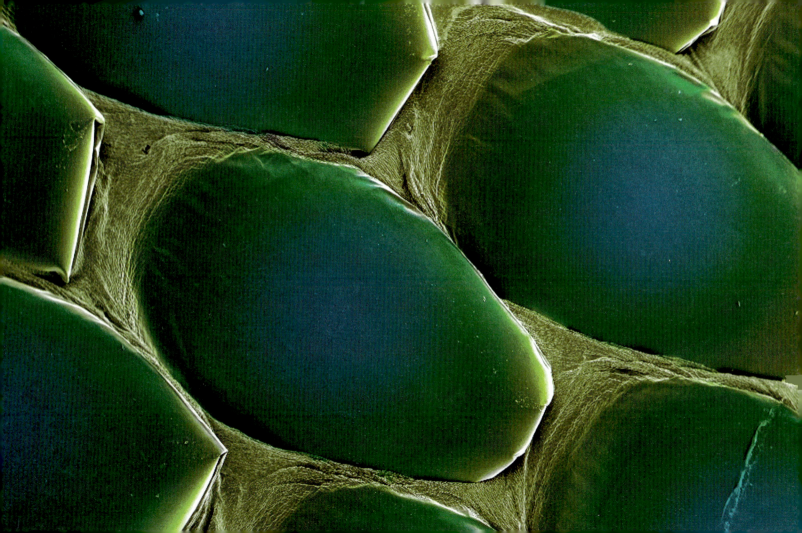

# Schwanzstacheln eines Leguans

**DER GRÜNE LEGUAN,** eine große Echse, lebt in den Wäldern des tropischen Südamerikas. Er ist aber auch ein beliebtes Haustier. Seine raue Haut besteht aus Keratinschuppen, und über Rücken und Schwanz verläuft ein Kamm aus wehrhaften Stacheln (hier im Bild). Wie andere Echsen und Schlangen müssen sich Leguane regelmäßig häuten, um wachsen zu können. Unter den alten Schuppen bilden sich neue. Dank seiner langen Krallen klettert der Grüne Leguan geschickt im Geäst von Bäumen.

HAUT VOM SCHWANZ EINES GRÜNEN LEGUANS (IGUANA IGUANA) MIT SCHUPPEN UND STACHELN

# Bauchfuß einer Seidenraupe

**Raupen haben im Allgemeinen** drei Paare echter Gliederbeine hinter dem Kopf sowie eine Reihe fleischiger „Bauchfüße" entlang dem Körper. Bei ihnen handelt es sich um Hautauswüchse, die in Doppelreihen gekrümmter Haken enden. Sie geben dem Tier beim Laufen einen sicheren Halt. Der Körper der Raupe ist mit feinen Tasthaaren bedeckt. Die Seidenraupe produziert Seidenfäden, aus denen sie sich einen Kokon spinnt. Wegen dieser Seide, die man zu einem feinen Stoff verweben kann, werden die Raupen gezüchtet.

BAUCHFUSS EINER SEIDENRAUPE, DER LARVE DES SEIDENSPINNERS (BOMBYX MORI)

# Fußklaue eines Rüsselkäfers

**DAS KLAUENGLIED AM FUSSENDE** dieses Käfers, der auf einem Blatt sitzt, besteht aus einem Paar behaarter Haftpolster (Mitte unten) und einem Paar gekrümmter Klauen (rechts). Die Polster geben ihm auf glatten Oberflächen Halt, die Klauen auf rauen Oberflächen. Dieser Käfer kann zwar nicht fliegen, ist aber ein guter Läufer. Er ernährt sich unter anderem von Eiben, Rhododendron, Azaleen, Lorbeer, Wacholder, Wein, Stechpalmen und Erdbeeren. Somit ist er ein gefürchteter Pflanzenschädling. Alle ausgewachsenen Exemplare sind Weibchen, die sich durch sogenannte Jungfernzeugung (Parthenogenese) fortpflanzen.

KLAUENGLIED DES GEFURCHTEN DICKMAULRÜSSLERS (OTIORHYNCHUS SULCATUS)

# Geckofuß

**Die Unterseite des Fusses** ist mit Rillen und mikroskopisch kleinen Haaren bedeckt, die es dem Gecko erlauben, an glatten Oberflächen wie Fensterscheiben und Zimmerdecken zu haften. Geckos sind schlanke, nachtaktive Echsen. Sie fressen Insekten und kommen in unterschiedlichen Lebensräumen vor, von Wüsten bis Regenwäldern. In warmen Ländern sieht man sie häufig auch an Hauswänden herumklettern.

FUSS EINES GECKOS (FAMILIE GEKKONIDAE) VON UNTEN

# Feder

**FEDERN BESTEHEN AUS KERATIN** und erfüllen mehrere Funktionen: Sie schmücken und kennzeichnen den Vogel, sie schützen ihn gegen Kälte und ermöglichen ihm das Fliegen. Daunenfedern sind kleiner und flauschiger als Deckfedern und sitzen dicht am Körper, vor allem am Rumpf des Vogels. So halten sie ihn warm. Als Nestpolster wärmen sie auch die Jungtiere. Selbst der Mensch profitiert von Daunenfedern, wenn zum Beispiel Bettdecken, Schlafsäcke oder Jacken mit ihnen gefüllt sind.

STRUKTUR EINER GÄNSEDAUNE BEI GERINGER VERGRÖSSERUNG

# Feder

**Die flache, breite Fahne einer Feder** besteht aus kammartigen Reihen von Ästen, die beiderseits von einem zentralen Schaft abgehen (Rachis, hier diagonal im Bild). Jeder Ast trägt zwei Reihen feinster Strahlen (orange). Die Strahlen auf der einen Seite haben Häkchen, die auf der anderen entsprechende Vertiefungen. Dadurch greifen sie ineinander und bilden eine geschlossene, zugleich flexible und leichte Deckfläche, die sich ideal zum Fliegen eignet. Gänsedaunen bilden dicht über der Haut eine Isolierschicht, die den Vogel warm und trocken hält.

STRUKTUR EINER GÄNSEDAUNE BEI HOHER VERGRÖSSERUNG

1400

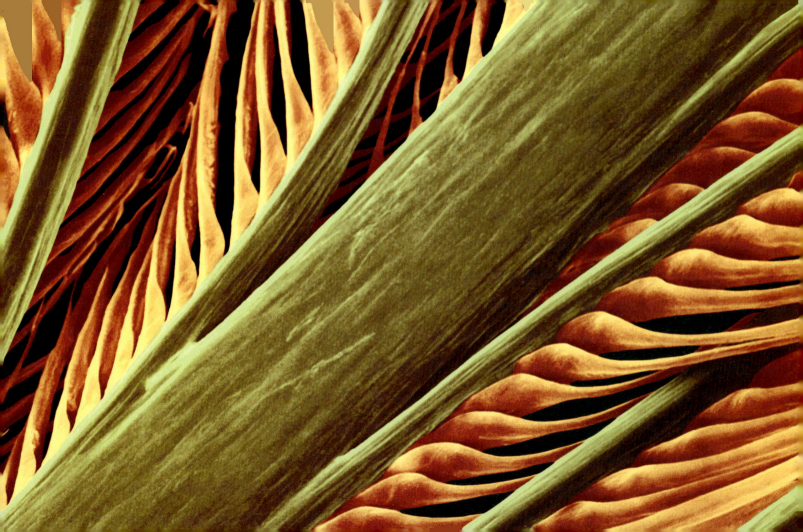

# Kiefergelenk eines Vogels

**ZUR KOMPLIZIERTEN STRUKTUR** eines Kiefergelenks gehören die Ansätze von Muskeln, Sehnen und Bändern. Durch diese können die Gelenkknochen unabhängig voneinander bewegt werden, ohne den Kontakt zueinander zu verlieren. Im Vogelschnabel sind der Ober- und der Unterkieferknochen verkleinert und mit Keratin überzogen. Das ist eine hornartige Substanz wie in einem Geweih oder Fingernagel.

**TEIL DER KIEFERGELENKPFANNE EINES VOGELSCHÄDELS**

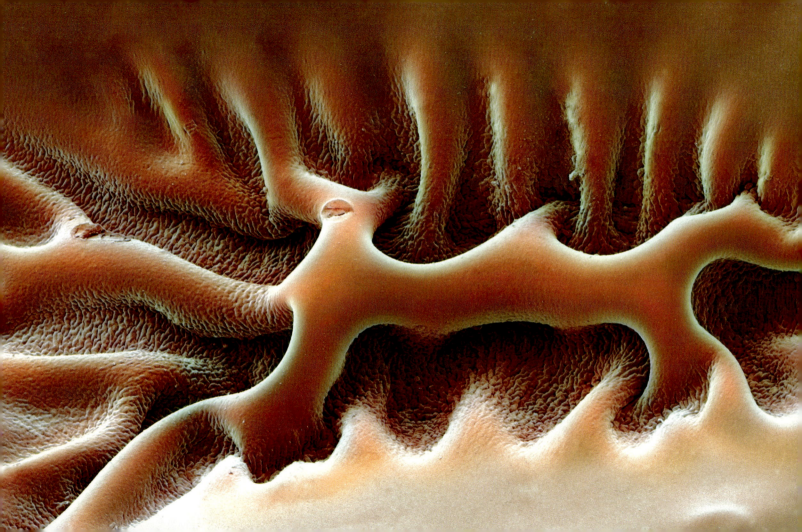

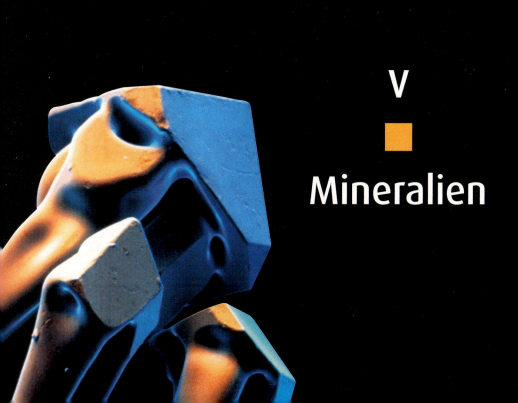

# V
## Mineralien

# Sternförmiger Eiskristall

**Schneeflocken sind symmetrische** Eiskristalle, die entstehen, wenn die Lufttemperatur nahe dem Gefrierpunkt von Wasser liegt. In ruhiger Luft können symmetrische, sechseckige Kristalle entstehen wie auf diesem und dem nächsten Bild. Erfolgt das Wachstum schnell und schubweise, verzweigen sich die Spitzen, sodass – wie hier – ein sternförmiger Eiskristall (Dendrit) entsteht. Bei langsamem Wachstum in nur schwach bewegter Luft können sich – wie im nächsten Bild – Plättchen mit geraden Kanten bilden. Keine Schneeflocke gleicht der anderen, da sich die Wachstumsbedingungen in einer Wolke ständig ändern.

LICHTMIKROSKOPISCHE AUFNAHME EINER STERNFÖRMIGEN SCHNEEFLOCKE (DENDRIT)

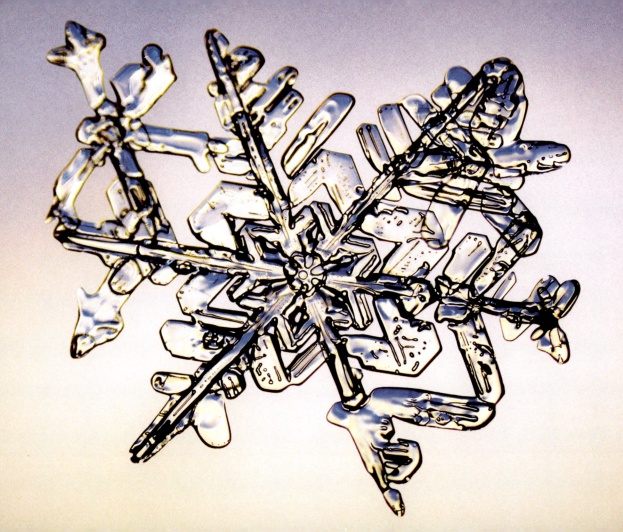

# Plättchenförmiger Eiskristall

**Die beiden Hauptformen** beim Wachstum von Schneeflocken sind glattrandige und verzweigte Kristalle. Bei langsamem Wachstum bilden sich in der Luft Sechsecke mit geraden Kanten, also Plättchen. Wächst der Kristall weiter, so führen Instabilitäten zu Verzweigungen, und es entstehen sternförmige Dendriten. Der Wachstumsmodus hängt auch von der Temperatur ab, die beim Wachstum jeder Flocke einen anderen Verlauf nimmt, sodass eine große Vielfalt an Schneeflockenmustern entsteht.

LICHTMIKROSKOPISCHE AUFNAHME EINES SECHSECKIGEN, PLÄTTCHENFÖRMIGEN EISKRISTALLS

# Kalziumphosphat-Kristall

DIE ATOME KRISTALLINER SUBSTANZEN sind in regelmäßigen Gittern angeordnet, sodass geometrische Formen wie diese entstehen können. Kalziumphosphat-Kristalle enthalten sowohl Kalzium- (Ca) als auch Phosphat-Ionen (PO$_4$), aber das genaue Mengenverhältnis variiert mit der Kristallstruktur. Kalziumphosphate werden in Zahnpasta und in Lebensmitteln verwendet.

GEOMETRISCHE STERNFORM EINES KALZIUMPHOSPHAT-KRISTALLS

16 000

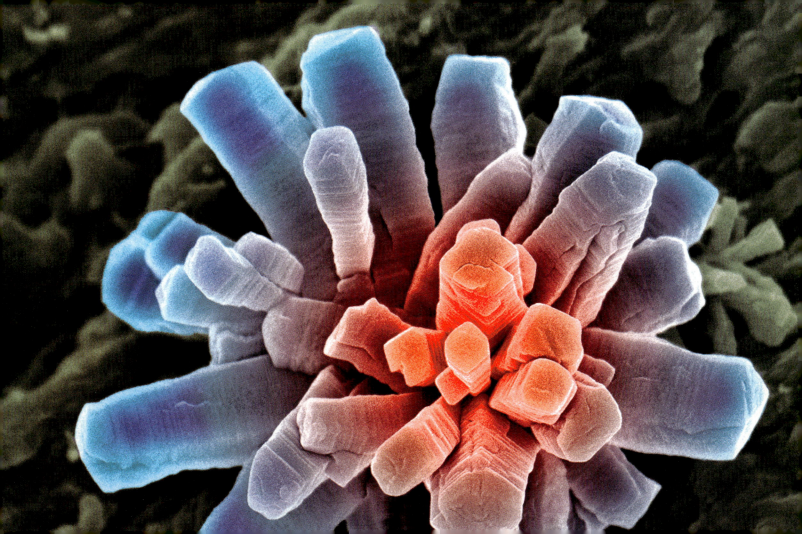

# Kalzium-Kristalle in Kompost

**KALZIUM IST EIN WEICHES**, silberweißes Metall. Es kommt in der Natur sehr häufig vor und ist in Körperflüssigkeiten, Zellen, Knochen und Zähnen enthalten. In einem Komposthaufen, in dem Gemüsereste, Grasschnitt und sonstige Pflanzenreste verrotten, wird Kalzium frei. In den einzelnen Kompostschichten ist das Element unterschiedlich starken Säuren ausgesetzt (das heißt stark schwankenden pH-Werten). Bei niedrigem pH-Wert (sauer) liegt das Kalzium als cremig-weiße Lösung vor. Steigt der pH-Wert (basisch), bilden sich Kalziumkristalle wie hier im Bild.

NATÜRLICHE KALZIUM-KRISTALLE AUS EINEM KOMPOSTHAUFEN

# Folsäure

**FOLSÄURE IST EIN KOENZYM,** das zur Bildung von Körpereiweiß und Hämoglobin in roten Blutkörperchen nötig ist. Sie ist ein wichtiges Vitamin, das nachweislich das Risiko von Rückenmarks- oder Gehirnmissbildungen bei Neugeborenen reduziert. Solche Defekte (zum Beispiel Spina bifida) entstehen in den ersten Schwangerschaftswochen; Frauen im gebärfähigen Alter sollten daher ausreichend Folsäure zu sich nehmen, vor allem zu Beginn einer Schwangerschaft. Viel Folsäure enthalten zum Beispiel Leber, grünes Blattgemüse, Hülsenfrüchte wie Erbsen und Bohnen, Nüsse, Vollkorngetreide und Bierhefe.

KRISTALLE DER FOLSÄURE (FOLACIN), EINES VITAMINS AUS DEM B-KOMPLEX, UNTER DEM POLARISATIONSMIKROSKOP

140×

# Vitamin C

**VITAMIN C IST EIN WASSERLÖSLICHES VITAMIN,** das für die Aktivität zahlreicher Enzyme im menschlichen Körper unentbehrlich ist: zum Beispiel für das Wachstum und den Erhalt gesunder Knochen, des Zahnfleischs, der Zähne, Bänder und Blutgefäße. Außerdem ist es an der Produktion von Neurotransmittern beteiligt und an der Stimulation des Immunsystems bei der Infektionsabwehr. Wichtige Quellen für Vitamin C sind Zitrusfruchte und grünes Gemüse. Vitamin-C-Mangel führt zu Skorbut, der mit Zahnfleischbluten und Anämie einhergeht.

OBERFLÄCHE EINES KRISTALLS DER ASCORBINSÄURE (VITAMIN C)

1435

# Vitamin-E-Kristalle

**Vitamin E schützt** vor allem die Fette im Körper vor Oxidation. Es erhält die normale Zellstruktur und die Aktivität bestimmter Enzyme; und es schützt die Lungen und andere Gewebe vor Schadstoffen aus der Umwelt. Vitamin E soll auch die Zellalterung verlangsamen und wird daher vielen kosmetischen Produkten zugesetzt. Die wichtigsten Vitamin-E-Quellen in unserer Nahrung sind pflanzliche Öle, Nüsse, Fleisch, grünes Blattgemüse, Getreide, Weizenkeime und Eidotter. Da Vitamin E in vielen Lebensmitteln vorkommt und lange im Körper verweilt, ist ein Mangel selten.

KRISTALLE DES WIRKSAMSTEN VITAMINS DER E-GRUPPE, ALPHA-TOCOPHEROL, UNTER DEM POLARISATIONSMIKROSKOP

# Meskalin

**Meskalin wird aus** getrockneten oberirdischen Teilen des Peyote-Kaktus (*Lophophora williamsii*) gewonnen. Der Kaktus wächst in Texas und Mexiko und wurde von den Ureinwohnern, zum Beispiel den Azteken, in religiösen Zeremonien verwendet. Normalerweise kaut man das Kaktusfleisch oder bereitet daraus einen Aufguss. Meskalin macht euphorisch und verändert die Wahrnehmung von Zeit, Raum und Farben.

**KRISTALLE DER HALLUZINOGENEN DROGE MESKALIN**

890

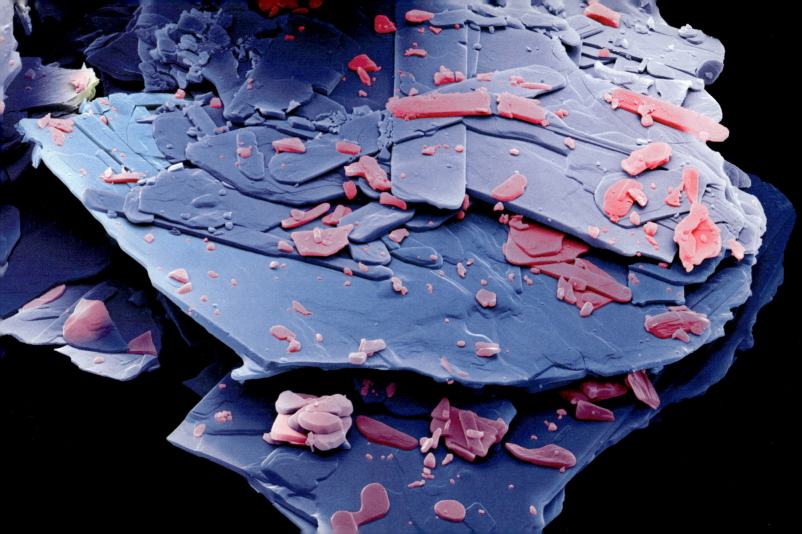

# Morphin

Morphin dient in der Medizin als Schmerzmittel für schwer kranke Menschen, zum Beispiel Krebspatienten. Morphin, auch Morphium genannt, wirkt auf die Rezeptoren, an die normalerweise Endorphine andocken, die natürlichen Schmerzmittel des Körpers. Da Morphin Euphoriegefühle und Halluzinationen hervorruft, wird es als Droge missbraucht. Wegen des starken Suchtpotenzials, und weil der Körper sich schnell daran gewöhnt, muss die Dosis bald erhöht werden, um eine Wirkung zu erzielen.

KRISTALLE DES SCHMERZMITTELS MORPHIN, DAS AUS SCHLAFMOHN GEWONNEN WIRD

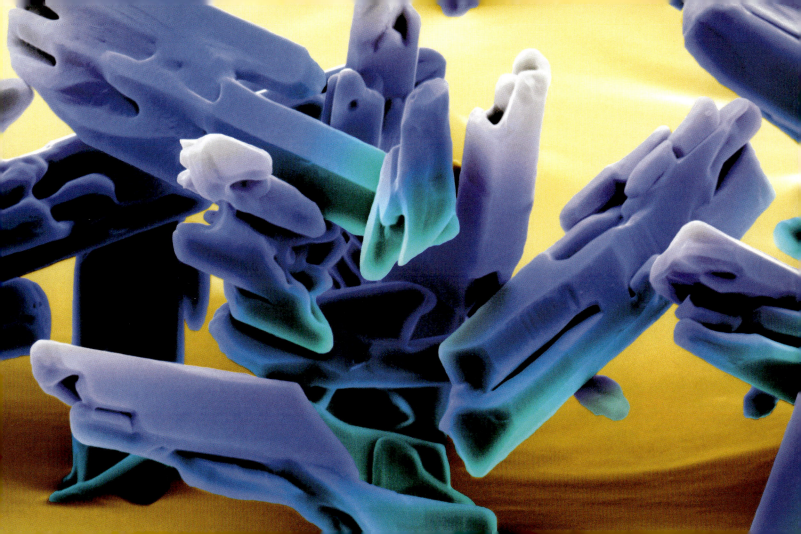

# Palladium

**Die Kristalle haben eine kubische,** kompakte Struktur; die Kristallflächen sind deutlich zu erkennen. Palladium ist das am wenigsten edle Platinmetall und hat einen Schmelzpunkt von 1 552 Grad Celsius. Es wird in Legierungen wie Weißgold verwendet. Außerdem dient es als Katalysator, vor allem für Hydrierungen. Palladium kommt auch in der Zahntechnik und in der Elektroindustrie zum Einsatz.

KRISTALLE DES METALLS PALLADIUM (SYMBOL: PD)

# Wolfram-Kristalle

**WIE VIELE METALLE** offenbart Wolfram erst unter dem Mikroskop seine kristalline Struktur. Dieses graue, harte, metallische Element wird sehr häufig für Stahllegierungen verwendet, die dadurch eine besondere Härte erreichen. Solche Legierungen werden zu Panzerplatten und zu Schneidewerkzeugen verarbeitet. Wegen seines hohen Schmelzpunkts von 3422 Grad Celsius werden aus Wolfram auch Glühfäden für Glühbirnen und Elektroden für Elektronenröhren hergestellt.

KRISTALLE DES METALLS WOLFRAM (SYMBOL: W)

7250

# Mikrodiamant

**Mikrodiamanten sind Diamanten** (reine Kohlenstoffkristalle) von weniger als einem halben Millimeter Durchmesser. Sie gelten als Alternative zu den teuren größeren Diamanten, die in der Industrie eingesetzt werden, zum Beispiel als Schleifmittel oder zur Wärmeableitung. Mikrodiamanten entstehen vermutlich entweder zusammen mit größeren Diamanten im Erdmantel (der Schicht unter der Kruste) oder im aufsteigenden Magma (Gesteinsschmelze), wenn dieses größere Diamanten an die Oberfläche befördert. Dieses Exemplar hat die am häufigsten auftretende Form und stammt aus Sibirien (Russland).

EIN OKTAEDRISCHER (ACHTFLÄCHIGER) MIKRODIAMANT

625

# Pestizidrückstand auf einer Gemüsepflanze

**FUNGIZIDE WERDEN IN DER** konventionellen Landwirtschaft eingesetzt, um Pilze zu töten, die Feldfrüchte und andere Pflanzen befallen. Die Pflanzen müssen nach der Ernte gewaschen werden, um die Kontamination der Lebensmittel mit potenziell giftigen Chemikalien zu verringern. Kontrolliert ökologischer Landbau verzichtet grundsätzlich auf Chemikalien, wovon die Verbraucher ebenso profitieren wie die Umwelt und das Grundwasser.

EINZELNER KRISTALL EINES FUNGIZIDS AUF DEM BLATT EINER DICKEN BOHNE

7600

# Zuckerkristalle

**Diese Kristalle bestehen aus Saccharose,** auch Rohr- oder Rübenzucker genannt. Es handelt sich um ein süßes, lösliches, kristallines Kohlenhydrat. Da Saccharose leicht verdaulich ist, stellt sie eine wichtige Energiequelle in unserer Nahrung dar. Sie dient zum Süßen und zum Konservieren von Speisen. Übermäßiger Verzehr kann zu Übergewicht und Karies führen.

MEHRERE KRISTALLE DER SACCHAROSE, EINES VON PFLANZEN PRODUZIERTEN ZUCKERS

1150

# Sorbit-Kristalle

**Dieser Alkohol,** der ursprünglich aus den Früchten der Vogelbeere (*Sorbus aucuparia*) gewonnen wurde, leitet sich von dem Zucker Sorbose ab. Sorbit kommt auch in anderen Früchten, Tang und Algen vor. Industriell wird er aus Glukose gewonnen. Er hat 60 Prozent der Süßkraft von Rohrzucker. 70 Prozent der Menge, die man zu sich nimmt, werden zu Kohlendioxid abgebaut, ohne den Glukosespiegel im Blut anzuheben. Daher wird er häufig zum Süßen von Lebensmitteln für Diabetiker verwendet.

POLARISATIONSMIKROSKOPISCHE AUFNAHME VON KRISTALLEN AUS D-SORBIT, EINEM SÜSSSTOFF FÜR DIABETIKER

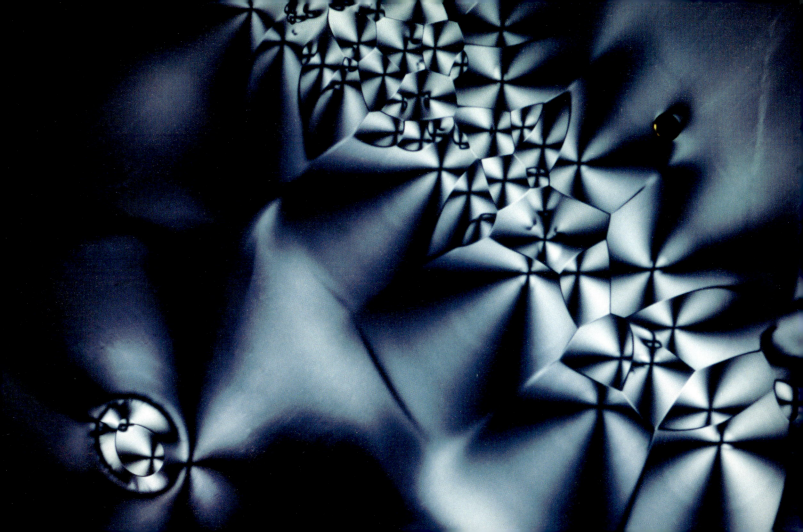

# Kristalle von grobem Salz

**DA DIE KÖRNER** des groben Salzes aus mehreren zusammengebackenen Kristallen bestehen, sind sie größer als die Körner des sonst üblichen Speisesalzes. Sie können viel Flüssigkeit aufsaugen und zum Beispiel zum Pökeln verwendet werden. Manche Köche bevorzugen grobkörniges Salz wegen seines etwas anderen Geschmacks. Es wird in Salzminen abgebaut.

KORN EINES GROBEN, GROSSKÖRNIGEN NATRIUMCHLORID-SALZES

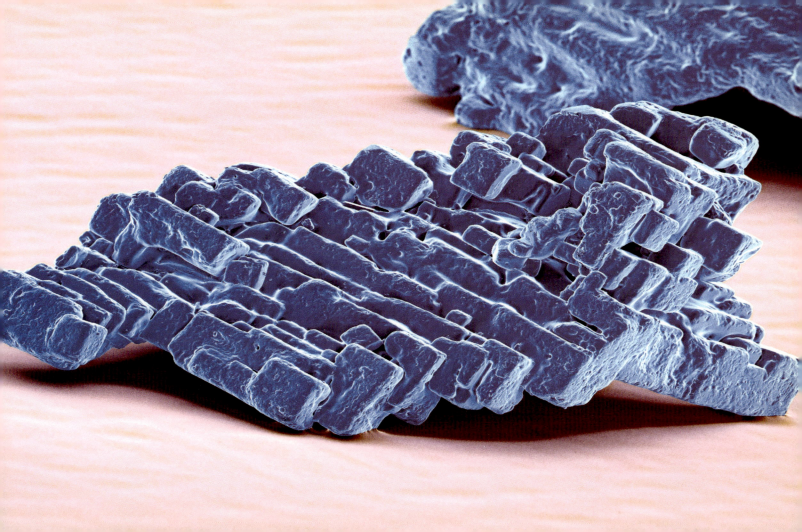

# Meersalz-Kristalle

**IM UNTERSCHIED ZU ANDEREN SALZTYPEN** wie denen auf der vorigen und auf der nächsten Seite enthält Meersalz Spuren von Elementen wie Zink, Magnesium, Eisen, Kalzium, Kalium, Mangan und Jod. Dadurch hat es einen besonderen Geschmack. Die Größe der Kristalle kann durch Zermahlen verändert werden, sodass neben grobkörnigem auch feinkörniges Meersalz angeboten wird.

MEERSALZ, EIN GROBES, GROSSKÖRNIGES SALZ, DAS DURCH DIE VERDUNSTUNG VON MEERWASSER ENTSTEHT

# Tafelsalz-Kristalle

TAFELSALZ IST EIN FEINKÖRNIGES SALZ, das durch Raffination, Zermahlen und Rekristallisation aus natürlichem Salz gewonnen wird. Ihm werden außerdem Substanzen zugesetzt, darunter Jod zur Gesundheitsvorsorge oder Rieselhilfen, die ein Verklumpen bei feuchter Luft verhindern. Salz wird in Salzminen abgebaut oder durch die Verdunstung von Meerwasser gewonnen.

KRISTALLE EINES GEWÖHNLICHEN TAFELSALZES

495

# Gallenstein-Kristalle

**GALLENSTEINE ENTSTEHEN IN DER GALLENBLASE,** einem kleinen Organ, das die in der Leber produzierte Gallenflüssigkeit speichert, bis sie zur Speisenverdauung benötigt wird. Stimmt die chemische Zusammensetzung der Galle nicht, so können Cholesterin und Gallensalze auskristallisieren und sich im Laufe der Zeit zu harten Steinen zusammenballen. Bemerkt wird dies normalerweise erst, wenn ein Stein den Gallengang beschädigt, was zu starken Schmerzen führen kann, außerdem zu Gelbsucht und Entzündungen. Die Steine können medikamentös aufgelöst oder durch Ultraschall zertrümmert werden.

AUFGEBROCHENER GALLENSTEIN, IN DESSEN INNEREM DIE KRISTALLSTRUKTUR ZUTAGE TRITT

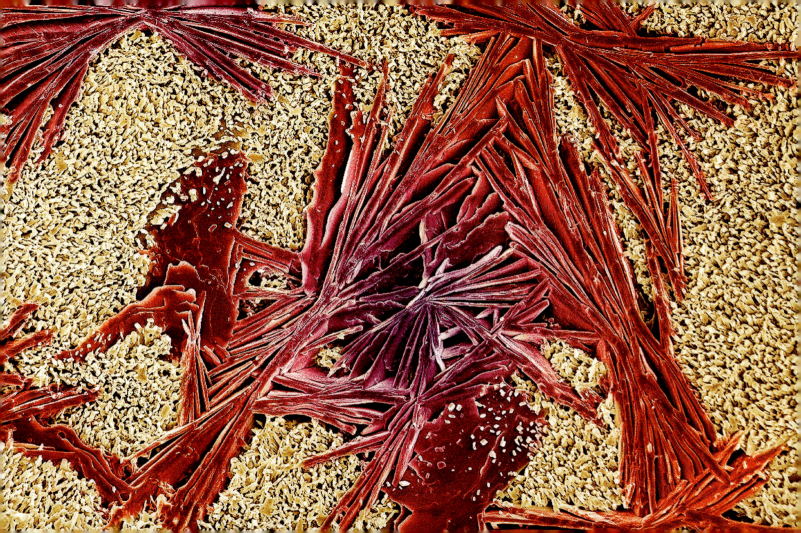

# Silberbeschichtete Wundauflage

DIE SCHWARZE SCHICHT BESTEHT AUS SILBERBESCHICHTETEN AKTIVKOHLEFASERN, die weiße aus Nylongewebe. Silber hat antimikrobielle Eigenschaften und tötet Bakterien in der Wunde. Die Auflage saugt außerdem Giftstoffe auf und verringert den Wundgeruch. „Actisorb Silver" wird bei übel riechenden, infizierten Wunden verwendet, zum Beispiel bei Pilzbefall, Analfisteln, entzündeten Druckgeschwüren und offenen Beinen.

PROBE EINER ACTISORB-SILVER-WUNDAUFLAGE. DAS GEWEBE AUS AKTIVKOHLE IST MIT SILBER BESCHICHTET.

# Belag in einem Wasserkessel

**Dieser pelzige Belag** besteht aus Kalziumsulfat, das aus hartem Wasser in regelmäßiger Kristallform ausfällt. Geologen kennen Kalziumsulfat als Anhydrit oder – wenn es Wasser gebunden hat – als Gips. Dessen monoklines Kristallgitter und die blütenartigen Nadelbüschel sind in der Natur die häufigste Erscheinungsform. Das anhydrithaltige Gestein trägt zur Härte des Trinkwassers bei. Wenn hartes Wasser gekocht wird oder verdampft, fällt das Kalziumsulfat aus der Lösung aus.

IN EINER GEGEND MIT HARTEM WASSER HABEN SICH IN EINEM KESSEL KALZIUMSULFAT-KRISTALLE GEBILDET.

# Oberfläche eines rostigen Nagels

**Die Oberfläche** ist durch Rostflecken und oxidierte Stellen uneben geworden und hat außerdem Risse bekommen. Rosten ist ein elektrolytischer Vorgang, bei dem Eisen mit Wasser und Sauerstoff reagiert und ein hydriertes Eisenoxid entsteht. Dieser Rost ist brüchiger, poröser und voluminöser als Eisen – und folglich schwächer.

KORRODIERTE OBERFLÄCHE EINES METALLNAGELS. KORROSION IST DIE ZERSETZUNG EINES METALLS DURCH CHEMISCHE REAKTIONEN.

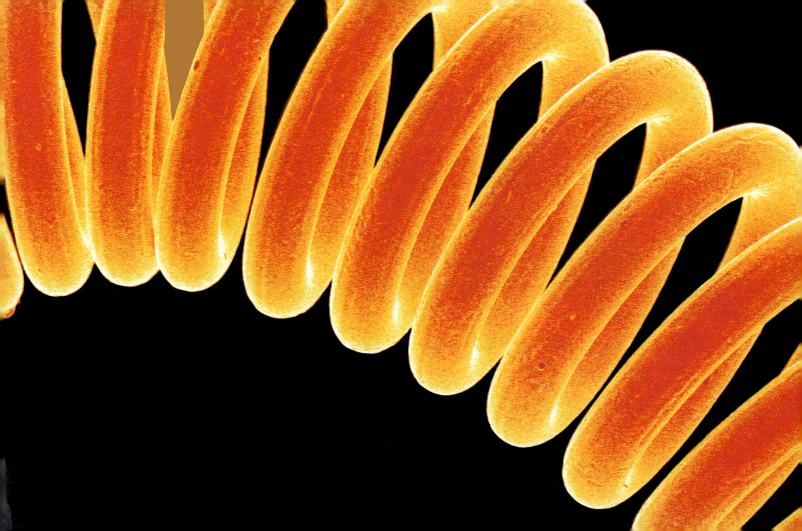

# VI

# Technik

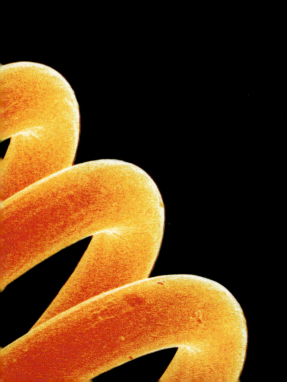

# Klettverschluss

**Viele kleidungsstücke und schuhe** haben Klettverschlüsse. Sie bestehen aus zwei Nylonbändern: einem mit hakenbesetzter Oberfläche (blau, unten) und einem zweiten mit einer glatten Oberfläche aus zahlreichen Schlingen (grün, oben). Diese Schlingen sind locker eingewebte Stränge in einem ansonsten straff gewebten Stoff. Auch die Haken sind Schlingen, die aber nach dem Weben aufgeschnitten wurden. Führt man beide Flächen zusammen, so gehen sie eine feste Verbindung ein, die man wieder lösen kann.

NYLONHAKEN UND -SCHLINGEN IN EINEM KLETTHAFTVERSCHLUSS

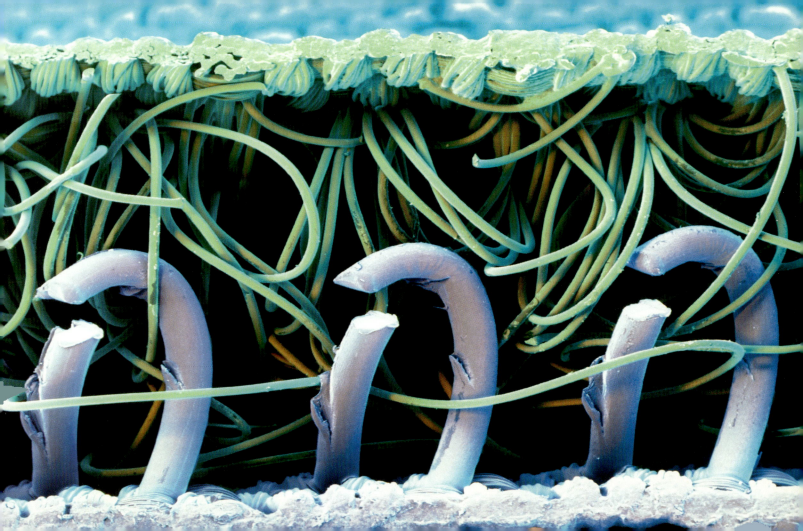

# Wundauflage

DIESER ERSTE-HILFE-VERBAND FÜR KLEINE SCHNITTE, Abschürfungen und andere Wunden hat eine wasser- und keimundurchlässige Außenschicht (oben, braun), lässt die Haut aber atmen und saugt die Flüssigkeit auf, die die Wunde absondert. Die Absorptionsschicht ist gelb und liegt über einer nicht haftenden Innenschicht mit Poren (unten). Der Aufbau dieser Wundauflage schafft um die Wunde herum ein Klima, das die Heilung beschleunigt und die Narbenbildung minimiert.

WUNDAUFLAGE AUS POLYURETHANSCHAUM

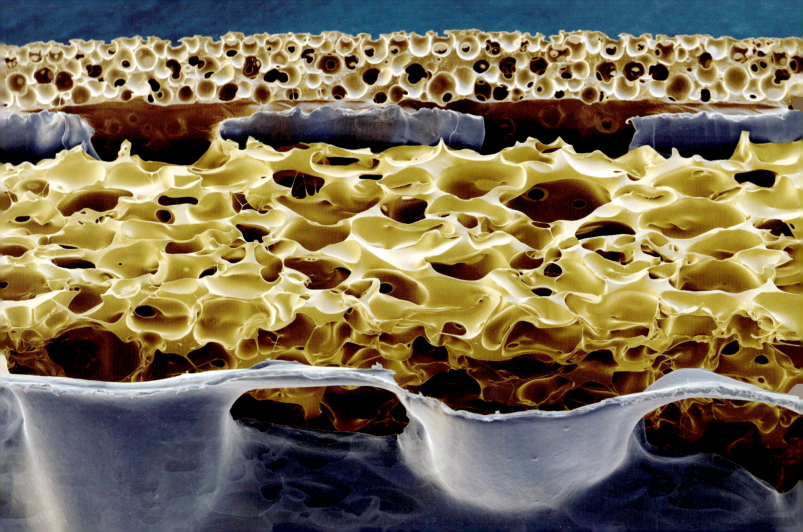

# Keramischer Supraleiter

SUPRALEITUNG tritt in bestimmten Materialien bei extrem niedrigen Temperaturen auf, wobei die sogenannten Hochtemperatur-Supraleiter schon bei minus 125 °C arbeiten. Bei der Mischung von zwei oder mehr Metallen, die einzeln nicht supraleitend sind, kann eine Legierung entstehen, in der der elektrische Widerstand verschwindet und die Elektronen frei fließen. Eingesetzt werden Supraleiter zum Beispiel als Magneten in Kernspintomografen. Keramische Hochtemperatur-Supraleiter wurden erst 1987 entdeckt und werden noch erforscht, aber es zeichnen sich bereits technische Anwendungen ab.

KERAMISCHER HOCHTEMPERATUR-SUPRALEITER. DIESE METALLISCHE LEGIERUNG BESTEHT AUS LANTHAN, BARIUM UND KUPFEROXID.

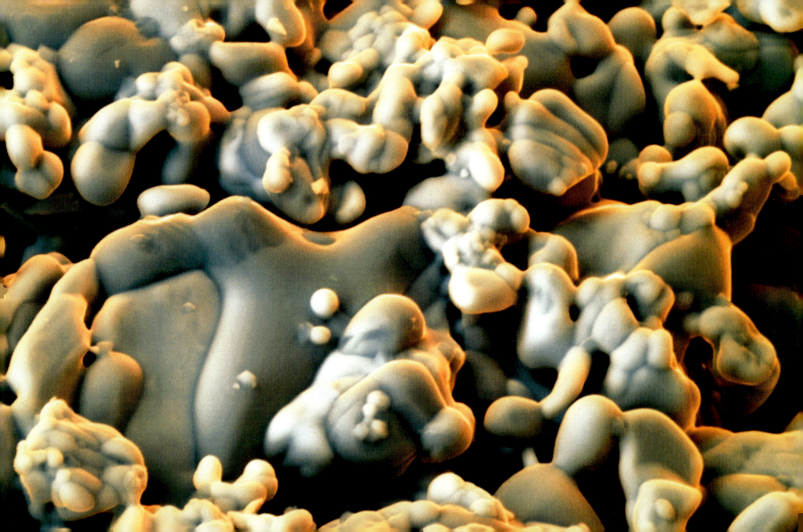

# Wolframoxid-Kristalle

WOLFRAMOXID (chemische Formel $WO_3$) entsteht, wenn man das Metall Wolfram unter Sauerstoffüberschuss erhitzt. Die Kristalle bilden ein Pulver, das überwiegend als Pigment in gelben Keramikglasuren zum Einsatz kommt. Es wird auch zur Herstellung von Legierungen und zum Ausrüsten feuerfester Gewebe verwendet.

UNTER LUFTZUFUHR WACHSEN ZAHLREICHE SPITZE WOLFRAMOXID-KRISTALLE.

300x

# Filterpapier

**Das polysaccharid zellulose** ist der Hauptbestandteil aller pflanzlichen Gewebe und Fasern. Filterpapier ist ein poröses Material, das zur Trennung einer Suspension in flüssige und feste Bestandteile eingesetzt wird. Da es aus Zellstoff hergestellt wird, besteht es fast ausschließlich aus Zellulose.

SCHNITT DURCH EIN FILTERPAPIER MIT ZAHLREICHEN ZELLULOSEFASERN

# Innensohle eines Schuhs

**Bei dieser Vergrösserung** erkennt man die Fasern der gewebten obersten Schicht und zwischen deren Strängen die darunter liegende, poröse Latexfüllung. Die Fasern geben dem Material Festigkeit und Fülle, während der elastische Gummischaum beim Gehen angenehm nachgibt und dank seiner zahlreichen Hohlräume den Fuß atmen lässt.

OBERFLÄCHE DER SCHAUMSTOFF- UND FASERSOHLE IN EINEM SCHUH

115x

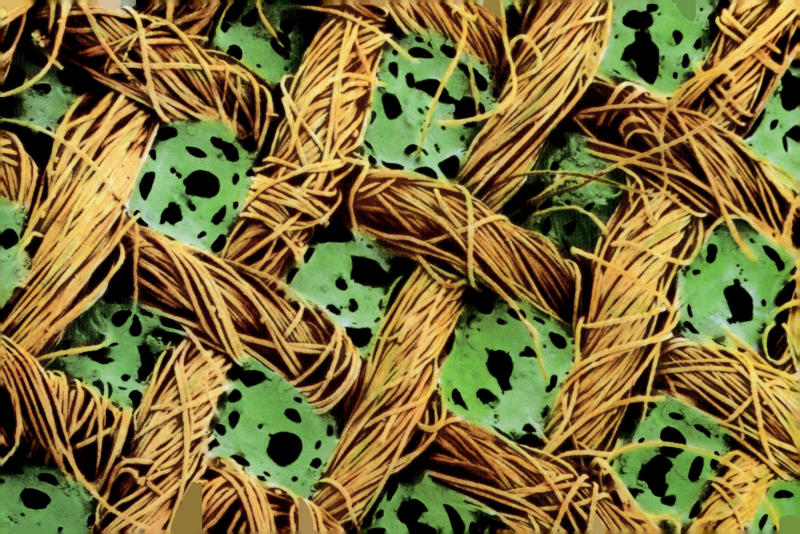

# Schweißabsorbierender Stoff

**Diese locker angeordneten Kunstfasern** sind außen und innen mit verschiedenen Imprägnierungen versehen. Dadurch wird das Gewebe beim Tragen des Kleidungsstückes nicht nass; die Feuchtigkeit wird absorbiert und nach außen abgeleitet.

FASERN EINES SCHWEISSABSORBIERENDEN GEWEBES

# Nylonstrumpf

**Das Polyamid Nylon** war die erste je hergestellte Kunstfaser. Nylonfasern sind reißfester und elastischer als Seide und relativ unempfindlich gegen Feuchtigkeit und Schimmelpilze. Verwendet wird Nylon zur Herstellung von Textilien (vor allem Strumpfwaren und Webwaren wie Teppichen), von Formgussteilen und chirurgischen Nähfäden.

DAS LOCKERE GEWEBE EINES NYLONSTRUMPFES (DAMENSTRUMPFHOSE)

# Fasern in einem Büstenhalter

**Hier wird deutlich,** welch komplexe Nähte und Säume Textilmaschinen am Rand eines Gewebes anbringen können. Der Stoff des Büstenhalters (gelb, unten) ist mit orangefarbenen Fasern gesäumt, die ein Ausfransen verhindern sollen. Zugleich erhöhen große Schlingen (oben) den Tragekomfort, indem sie verhindern, dass das eng anliegende Material an der Haut kratzt.

KUNSTFASERSCHLINGEN AM SAUM EINES BÜSTENHALTERS

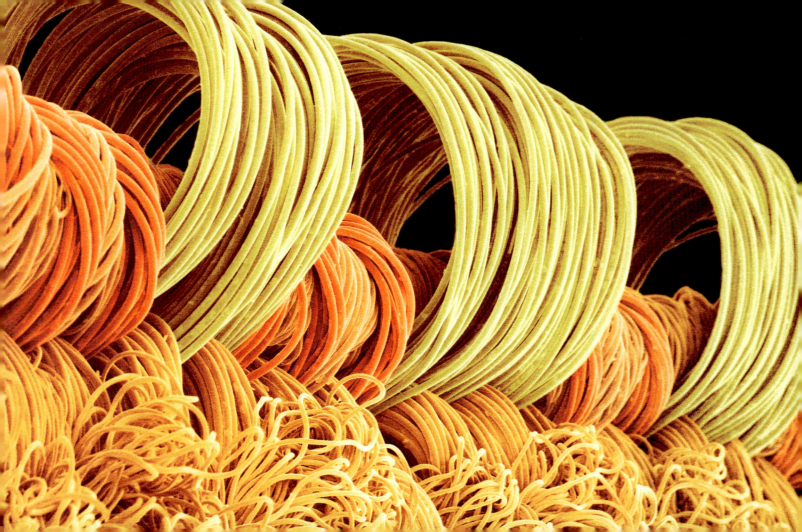

# Wasserabweisende Kleidung

**WASSERABWEISENDE STOFFE** widerstehen einem Wasserdruck von über 1000 Millimetern, lassen Wasserdampf aber hindurch. Dieses wetterfeste Kleidungsstück besteht aus einem dichten Baumwollfasergewebe, dem Wasser nichts anhaben kann. Die äußere Oberfläche ist mit einer Polyurethanschicht voller winziger Poren überzogen. Durch diese kann feuchte Luft (Wasserdampf) entweichen, während flüssiges Wasser aufgrund seiner Oberflächenspannung nicht eindringen kann. Solche wasserabweisenden Beschichtungen nennt man atmungsaktiv.

STOFF AUS EINEM WASSERFESTEN KLEIDUNGSSTÜCK MIT AUFLIEGENDEN WASSERTRÖPFCHEN

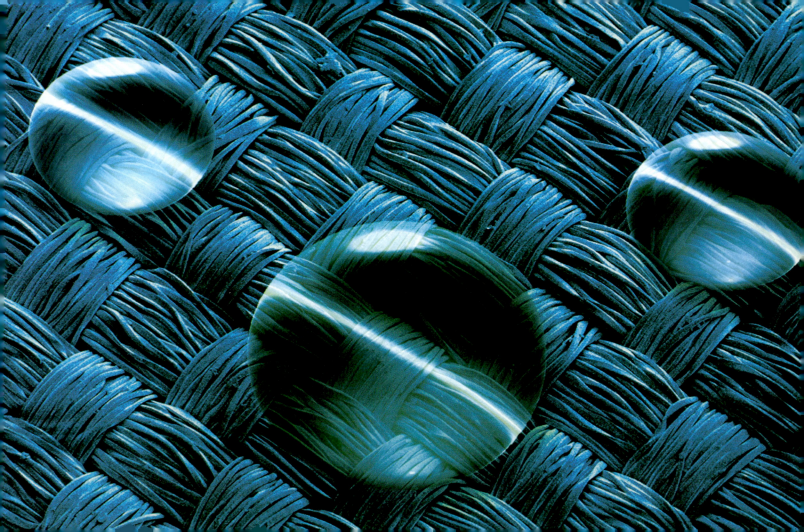

# Stoff eines Regenmantels

**DER STOFF** besteht aus eng verwebten Fasern (sogenannte Leinwandbindung). Er ist mit einer wasserabweisenden Schicht überzogen, an der Regentropfen abperlen. Diese Schicht enthält kleine Löcher, durch die Wasserdampf, der aufgrund der Körperwärme entsteht, aus dem Kleidungsstück entweichen kann.

QUERSCHNITT DURCH EIN MATERIAL, AUS DEM REGENMÄNTEL HERGESTELLT WERDEN

# Toilettenpapier

DIESES WEICHE TOILETTEN-TISSUEPAPIER besteht aus reinem, gebleichtem Zellstoff ohne weitere Zusätze wie Grundierungen zur Oberflächenversiegelung oder Deodorants. Es wird auf großen, schnellen Papiermaschinen hergestellt. Zwar werden immer noch Pflanzenfasern und Lumpen verarbeitet, aber das heutige Papier besteht überwiegend aus Holz, vor allem Fichte, Hemlocktanne, Pappel, Kiefer und Tanne.

PAPIERFASERN (ZELLULOSE), AUS DENEN TOILETTENPAPIER BESTEHT

190

# Zigarettenpapier

**Die kristalle** (blau) sind Imprägnierungen, die die angezündete Zigarette weiterglimmen lassen, indem sie Sauerstoff freisetzen. Man erkennt auch die Zellulosefasern, aus denen das Papier besteht (weiße und braune Fäden).

NAHAUFNAHME DER OBERFLÄCHE VON ZIGARETTENPAPIER

# Zahnkrone

**WENN DIE KAUFLÄCHE EINES ZAHNS** Risse oder Karies bekommen hat, kann sie durch eine Krone ersetzt werden. Der intakte Teil des Zahns wird zu einem Pflock abgeschliffen, über den die hohle Krone gestülpt wird. Diese wird der ursprünglichen Zahnform genau nachgebildet und mit Zement befestigt. Hier hat sich zwischen Zahn und Krone ein Spalt gebildet, in den Bakterien eindringen können, die erneut zu Karies führen.

ÜBERGANG VON EINEM ZAHN (GRÜN) ZU EINER KERAMIK-ZAHNKRONE (BLAU). ALS DER ZAHN FÜR DIESES FOTO GEZOGEN WURDE, SETZTEN SICH AUF IHM VERUNREINIGUNGEN AB.

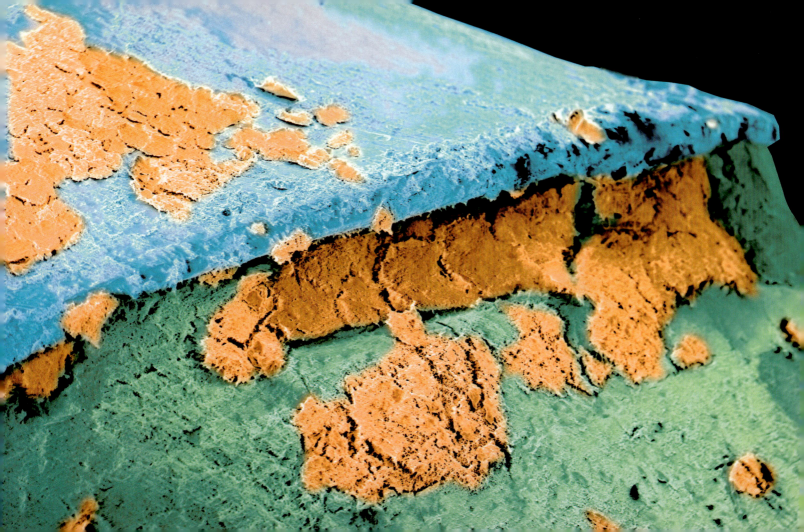

# Chirurgischer Nähfaden

Dieser Faden ist nur 50 Mikrometer (0,05 Millimeter) dick und damit dünner als ein menschliches Haar. Solche Fäden werden aus Nylon-Mikrofasern hergestellt. An dem Knoten haben sich unter anderem rote Blutkörperchen festgesetzt.

KNOTEN IN EINEM CHIRURGISCHEN FADEN

600

# Arzneimittel-Transportkapsel

**MANCHE ARZNEIMITTEL WIRKEN AM BESTEN,** wenn sie an einem bestimmten Ort im Körper freigesetzt werden. Sie können in einer Kapsel eingeschlossen werden, die aufgrund des chemischen Milieus erst am Zielort aufplatzt. Diese Kapsel kann nicht nur eine Arznei enthalten, sondern auch kleinere Kapseln mit weiteren Wirkstoffen. Die werden dann an andere Stellen im Körper weitertransportiert.

IM INNEREN EINER AUFGEPLATZTEN POLYMERKAPSEL ZUM ARZNEIMITTELTRANSPORT SIEHT MAN **KLEINERE KAPSELN**

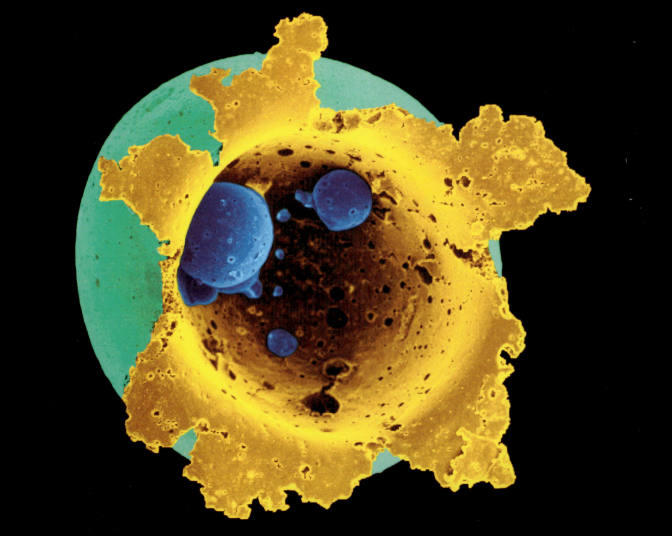

# Chirurgische Zange

**Diese Zange ist aus einer Nickel-Titan-Legierung hergestellt;** die Schutzhülle (gelb) besteht aus dem Kunststoff Polytetrafluoroethylen (PTFE), besser bekannt unter den Handelsnamen Teflon oder Goretex. Federn halten die Zange im Ruhezustand offen. Man schließt sie, indem man die Schutzhülle nach vorne über die Zange schiebt.

ZANGE FÜR MIKROCHIRURGISCHE EINGRIFFE INS GEHIRN. SIE HAT EINEN DURCHMESSER VON NUR 0,63 MILLIMETERN UND WIRD ZUM ERGREIFEN KLEINER TUMOREN EINGESETZT.

# Kronrad einer Taschenuhr

WENN DIE UHR AUFGEZOGEN WIRD, bewirkt die Rotation des Kronrades eine Drehung des Sperrrades (oben rechts). Dieses wiederum ist am Federhaus befestigt, in der sich die Hauptfeder der Uhr befindet. Der Mechanismus ist sauber; die winzigen Staubpartikel stören den Gang nicht. Dass der Schlitz des Kronrades keine Schraubenzieherspuren aufweist, zeigt, dass dieses Uhrwerk noch nie gewartet wurde.

KRONRAD EINER SCHWEIZER TASCHENUHR MIT INCABLOC-STOSSSICHERUNG UND 17 RUBINEN. DAS KRONRAD IST TEIL DES AUFZUGSMECHANISMUS.

# Uhrzahnräder

**Diese Zahnräder** sind mit hoher Präzision gefertigt, um die Zeiger einer Armbanduhr so zu bewegen, dass sie die genaue Zeit anzeigen. Zahnräder sind Rädchen, deren Zähne ineinandergreifen, um die Bewegungsenergie innerhalb der Uhr weiterzugeben. Die Konturen dieser Zähne sind glatt und abgerundet, sodass sie sich mühelos verschränken und wieder voneinander lösen. Kleine Rädchen drehen sich schneller als große, und die richtige Kombination beider sorgt für einen präzisen Gang der Uhr.

ARRANGEMENT VON ZAHNRÄDERN IN EINER ARMBANDUHR

# Filter in Form einer Bienenwabe

**VON DER NATUR ABGESCHAUT,** werden solche Formen im Maschinenbau als Treibstoffsiebe und in der Astronomie als Filter für fernes Infrarot eingesetzt. In den sechseckigen Kammern können auch Substanzen eingelagert werden. Die „Bienenwabe" wurde mit der LIGA-Technik („Lithographie, Galvanoformung, Abformung") gefertigt. Bei diesem Verfahren wird ein Muster aus Röntgenstrahlen auf ein Substrat projiziert. Die Strahlung verändert die Eigenschaften des Substrats, sodass es ausgespült werden kann und nur die unbestrahlten Stege stehen bleiben.

DREIDIMENSIONALE FILTERSTRUKTUR AUS KUPFER, DIE DER WABE EINER HONIGBIENE ÄHNELT

350

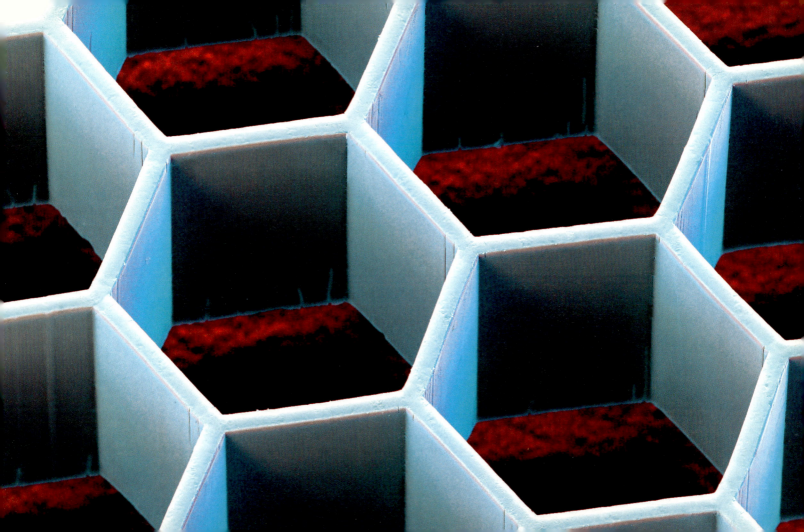

# Messerklinge

**Während sie dem blossen Auge glatt erscheint,** enthüllt die Oberfläche dieser Messerklinge unter dem Mikroskop winzige Kratzer, die durch den normalen Gebrauch – Schärfen und Schneiden – entstanden sind.

KLINGE EINES SCHARFEN MESSERS
210

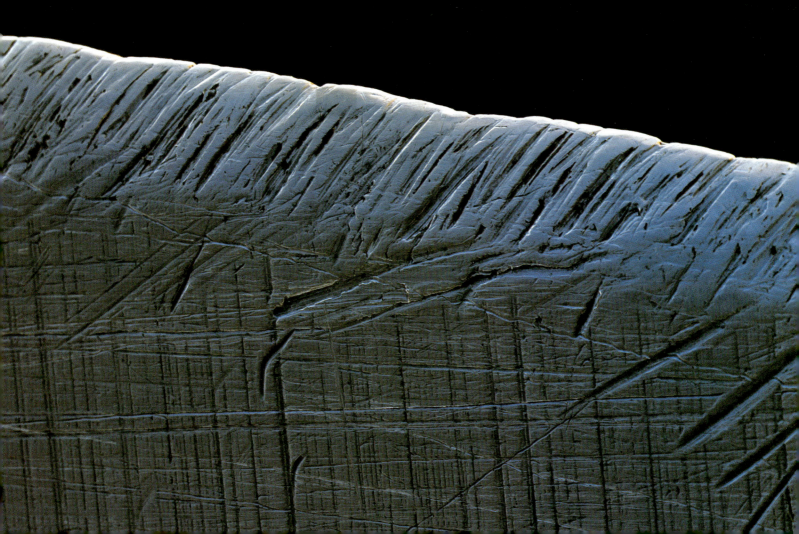

# Benutztes Rasiermesser

ZWISCHEN DEN RASIERKLINGEN erkennt man Haarstücke, die schräg abgeschnitten wurden, sowie Rasierschaum.

ABGESCHNITTENE HAARE AUF EINER RASIERERKLINGE

# Glühfaden

**Eine Glühbirne leuchtet,** wenn der Faden in ihrem Inneren durch den elektrischen Strom, der ihn durchfließt, zur Weißglut erhitzt wird. Diese Wendel besteht aus Wolfram, einem metallischen Element mit hohem Schmelzpunkt.

DRAHTWENDEL EINER GLÜHBIRNE
480

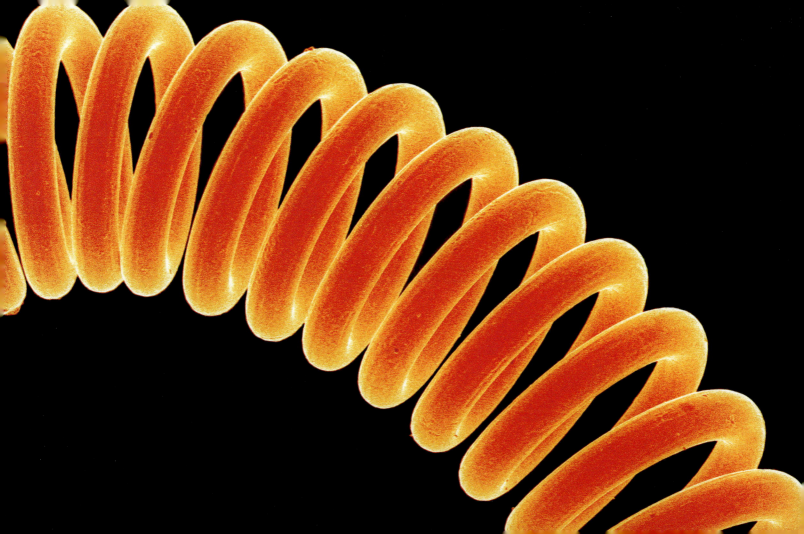

# Labor-Mikrochip

Solche chips werden für chemische analysen benutzt und allgemein als „Lab-on-a-chip"-Systeme bezeichnet. Proben und chemische Reagenzien vermischen sich in den Kammern und strömen durch die Mikrokanäle. Aufgrund des geringen Durchmessers dieser Kanäle (meist weniger als ein Millimeter) können dabei viele Eigenschaften gemessen werden, darunter die Viskosität und der pH-Wert einer Flüssigkeit, die Reaktionskinetik von Enzymen, der molekulare Diffusionskoeffizient, Zellzahlen oder Proteineigenschaften.

OBERFLÄCHE EINES MIKROFLUIDISCHEN MIKROCHIPS, DER ZU DEN MIKROELEKTROMECHANISCHEN SYSTEMEN (MEMS) ZÄHLT.

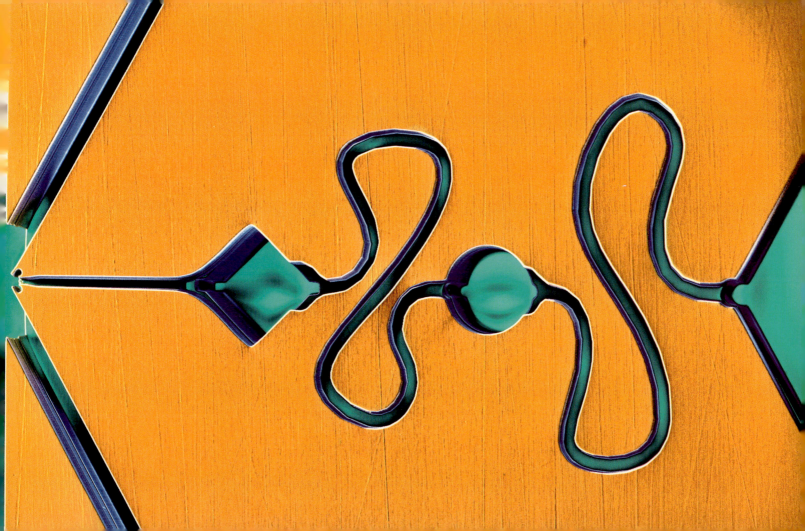

# Widerstände

**WIDERSTÄNDE SIND BESTANDTEILE** einer Platine, die den Fluss des elektrischen Stroms in einem Schaltkreis behindern. Das spezielle Streifenmuster dieser Schaltelemente zeigt an, dass ihr Widerstand 22 000 Ohm beträgt. Es handelt sich um Schichtwiderstände, bei denen ein Isolator mit einer Kohle- oder Metallschicht überzogen ist. In elektronischen Produkten kommen zahlreiche größere und kleinere Platinen zum Einsatz, die neben Widerständen und anderen Bauteilen auch Mikrochips tragen.

REIHE VON WIDERSTÄNDEN AUF EINER PLATINE

# Ameise mit Mikrochip

**HIER WIRD DEUTLICH,** wie weit die Miniaturisierung der Mikrochips oder integrierten Schaltkreise bereits ist. Und dank technischer Fortschritte ist dieser Prozess auch noch nicht abgeschlossen. Mikrochips kommen in Computern und vielen anderen elektronischen Geräten zum Einsatz; ihre komplexen winzigen Schaltkreise sind auf dünne Siliziumscheiben (Wafer) aufgedruckt.

EINE SKLAVENAMEISE (FORMICA FUSCA) HÄLT MIT IHREN MUNDWERKZEUGEN EINEN MIKROCHIP.

# Siliziumchip

**DIE MIKRODRÄHTE** integrierter Schaltkreise werden oft aus Gold hergestellt, das elektrischen Strom hervorragend leitet. Die Drähtchen verbinden den integrierten Schaltkreis (oben im Bild) mit Kontaktstiften, die den Chip auf einer Platine verankern.

VERBINDUNGSDRÄHTE AUF EINEM COMPUTER-MIKROCHIP AUS SILIZIUM

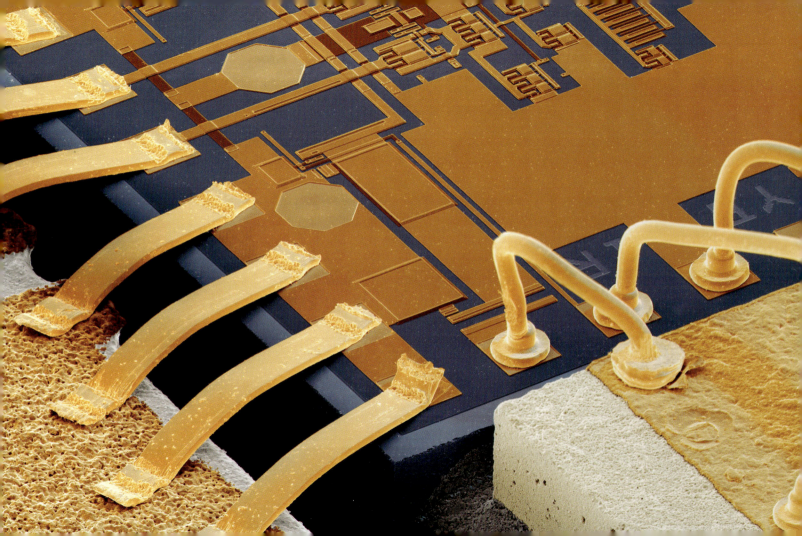

# Mikrodraht auf einem Mikrochip

**MIKRODRÄHTE, OFT AUS GOLD HERGESTELLT,** verbinden einen Schaltkreis (im Bild) mit den Kontaktstiften (nicht im Bild), mit denen der Chip in eine größere Platine integriert werden kann, wie wir sie in Computern finden. Hier sehen wir den integrierten Schaltkreis M3I6 S32A. Die roten, rosafarbenen, braunen und grünen Bahnen bilden die Mikroschaltkreise des Chips.

GOLDBÄLLCHEN (GRÜN) AM ENDE EINES MIKRODRAHTS (GOLDFARBEN), DER MIT EINEM SILIZIUMCHIP VERBUNDEN IST.

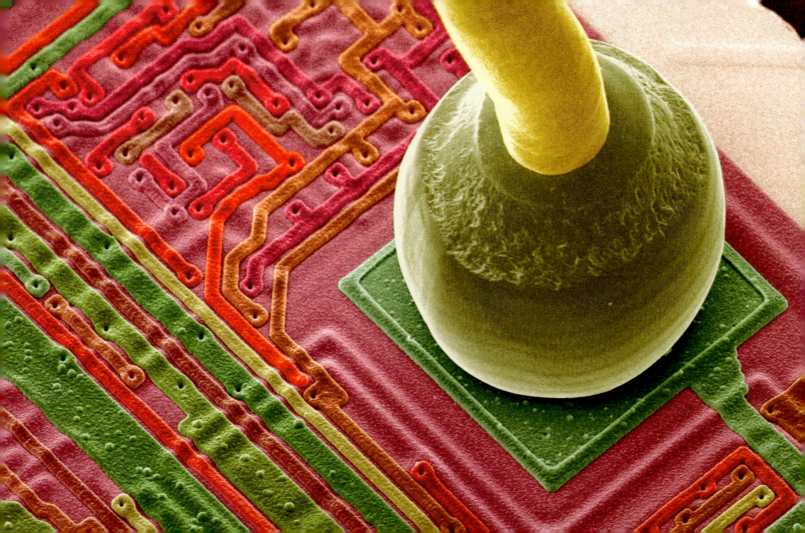

# EPROM-Siliziumchip

**Diese farbigen, geometrisch angeordneten Bahnen oder Pfade** sind Teile der Schaltkreise eines Mikrochips. Die Gruben in den Pfaden sind Verbindungspunkte, an denen Kontakte zu den Schaltelementen auf der anderen Seite des Substrats (rot) bestehen. Bei der Produktion von integrierten Schaltkreisen werden Siliziumscheibchen gezielt mit Fremdatomen verunreinigt, um Transistoren herzustellen. Zehntausende dieser Transistoren passen auf einen einzigen Chip; verbunden werden sie durch Leiterbahnen.

OBERFLÄCHE EINES EPROM-SILIZIUM-MIKROCHIPS (ERASABLE PROGRAMMABLE READ-ONLY MEMORY, ALSO LÖSCHBARER, PROGRAMMIERBARER NUR-LESE-SPEICHER).

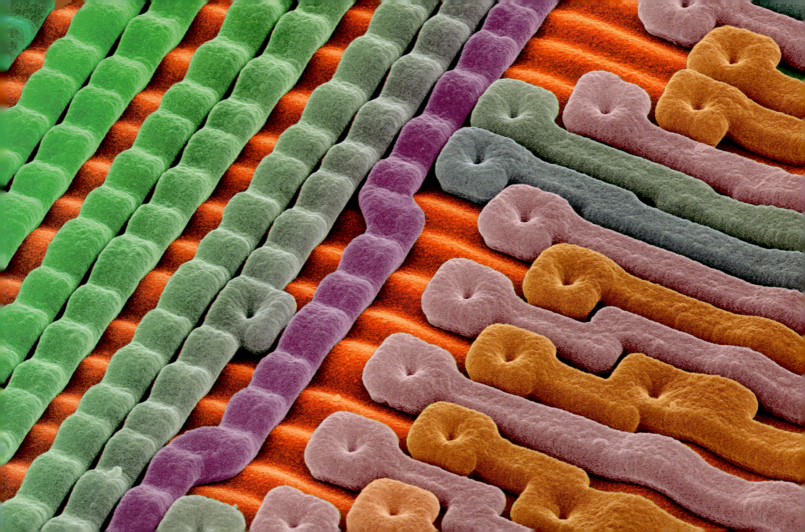

# Plattenspielernadel

DIE VARIABLE FORM DER RILLEN in der Kunststoffscheibe aus Polyvinylchlorid (PVC) versetzt die Nadel in Schwingungen, die dann in Klänge umwandelt werden. Je gerader die Rille, desto leiser, und je welliger die Rille, desto lauter die Musik. Bei der Aufnahme läuft dieser Prozess genau andersherum ab: Klänge werden in eine Rille umgesetzt. Auf diese Weise wird ein Lied als Abfolge von Vertiefungen in der Rille auf einer Kunststoffscheibe festgehalten. Wird diese Aufnahme abgespielt, so wird der ursprüngliche Klang reproduziert.

NADEL EINES STEREOPLATTENSPIELERS IN DER RILLE EINER VINYLSCHALLPLATTE

# Compact Disc

DIE FARBEN AUF DER OBERFLÄCHE entstehen durch Interferenz der Lichtstrahlen, die an den „Rillen" der Scheibe gebeugt und reflektiert werden. Wie eine Vinylscheibe besteht auch die CD aus Kunststoff, aber die Mechanismen, mit denen die Musik „eingeritzt" und wieder ausgelesen wird, sind andere. Im Unterschied zur Schallplatte, deren Rillen an der Oberfläche von einer Nadel abgetastet werden, liegen die Reihen winziger Vertiefungen bei der CD unterhalb der Oberfläche, und das digitale Signal wird von einem Laser ausgelesen. Als digitaler optischer Speicher kann eine CD Musik, Texte oder Bilder enthalten.

LICHTMIKROSKOPISCHE AUFNAHME EINER AUDIO-CD. IN DER MITTE SIEHT MAN DIE MUSIKSPUR, RECHTS EINE SPUR OHNE TÖNE (GRÜNE BÄNDER). DIE ROTE ZONE ENTHÄLT SCHRIFTLICHE INFORMATIONEN.

# Kaputte Compact Disc

**IN DER TRANSPARENTEN OBERFLÄCHE** dieser CD klafft ein rechteckiges Loch: Die oberste Kunststoffschicht fehlt. Darunter sieht man Reihen feiner Vertiefungen (Kerben), die in eine tiefer liegende Schicht der Scheibe gepresst wurden. Sie kodieren das digitale Musiksignal, das von einem Laser ausgelesen werden kann. Um das Laserlicht zu reflektieren, ist die Musikschicht mit einem feinen Metallfilm überzogen, der exakt den Vertiefungen folgt. Die Musik ist also zwischen zwei Kunststoffschichten eingeschlossen, sodass Staub und Kratzer den Klang nicht beeinträchtigen können.

COMPACT DISC MIT AUFGEPLATZTER OBERFLÄCHE, UNTER DER DIE SCHICHT MIT DEN MUSIKDATEN LIEGT (MITTE).

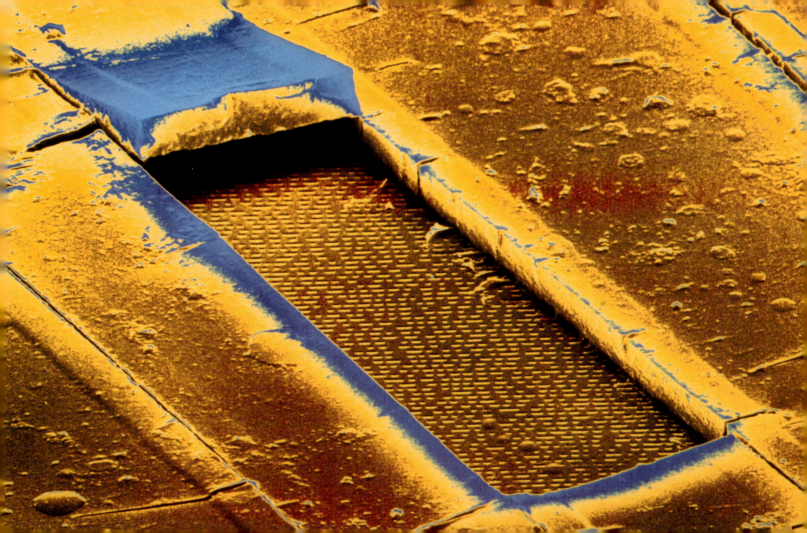

# Nanoroboter in einer Arterie

**DIESES WINZIGE U-BOOT** wurde mithilfe computergesteuerter Laser hergestellt. Das Laserlicht ließ flüssiges Acryl in zehn Mikrometer dicken Schichten polymerisieren, bis das Objekt fertig war. Winzige Nanoroboter wie dieser könnten zum Aufspüren von Defekten im menschlichen Körper eingesetzt werden. Von kleinen Propellern angetrieben, könnten sie durch die Blutgefäße an die Stellen navigieren, die blockiert oder beschädigt sind, und die Adern von innen reparieren, sodass das Blut wieder normal fließen kann. Dieses U-Boot wurde von microTEC in Duisburg hergestellt.

KONZEPTBILD EINES U-BOOT-FÖRMIGEN NANOROBOTERS IN EINER MENSCHLICHEN ARTERIE

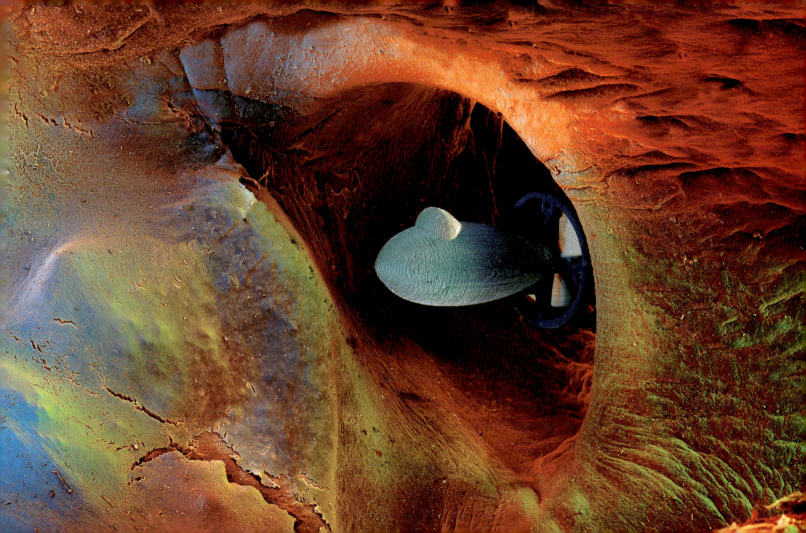

# Nanodrähte

**Diese Nanodrähte bestehen aus siliziden,** Verbindungen aus einem Lanthanoid und Silizium. Sie wurden auf einem Untergrund aus Silizium abgelegt. Um ein solches ultrahochvergrößertes Bild mit einem Rastertunnelmikroskop zu erzeugen, wird eine Oberfläche auf dem Niveau von Einzelatomen abgetastet, indem man den elektrischen Strom in einer feinen Nadel knapp oberhalb des Objekts konstant zu halten versucht.

NANODRÄHTE WIE DIESE MIT EINEM DURCHMESSER VON NUR ZEHN ATOMEN KÖNNTEN IN COMPUTERN EINGESETZT WERDEN, DIE AN DIE GRENZEN DER MINIATURISIERUNG VORSTOSSEN.

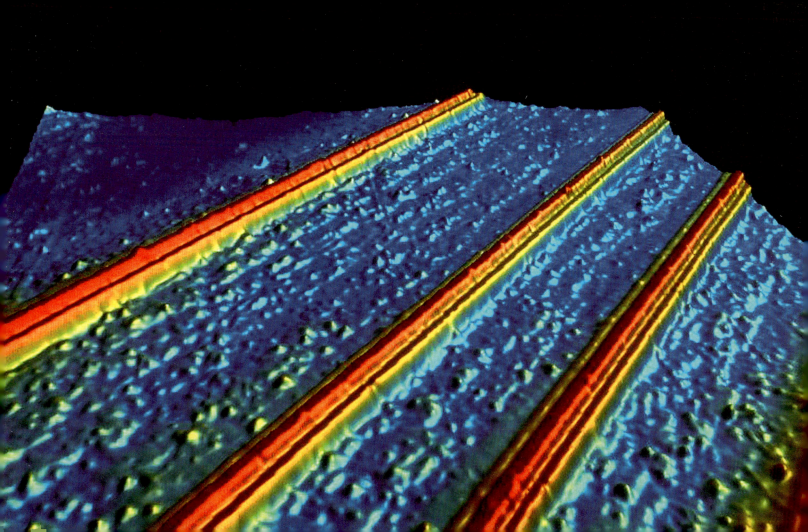

# Kohlenstoff-Nanoröhren

**DIESE RÖHREN BESTEHEN AUS AUFGEROLLTEN KOHLENSTOFFATOMBLÄTTERN,** die mit den Fullerenen verwandt sind. Die Eigenschaften zylindrischer Kohlenstoffmoleküle lassen auf zahlreiche Anwendungen in der Nano-, also Kleinsttechnologie hoffen, zum Beispiel in der Nanoelektronik, da sie erheblich kleiner sind als heutige Bauteile. Sie sind sehr stabil und leiten effizient sowohl elektrischen Strom als auch Wärme. Nanoröhren heißen sie, weil ihr Durchmesser nur wenige Nanometer beträgt – ein Menschenhaar ist etwa 50 000-mal dicker.

RASTERTUNNELMIKROSKOPISCHE AUFNAHME VON KOHLENSTOFF-NANORÖHREN (DIAGONAL NACH UNTEN RECHTS). DIE EINZELNEN ATOME ZEICHNEN SICH ALS HÖCKER AUF DER RÖHRENOBERFLÄCHE AB.

über 22,5 Millionen

## BILDNACHWEIS

Alle Illustrationen dieses Buches sind von der Science Photo Library in London und stammen von folgenden Fotografen:

**Paul Andrews, Universität von Dundee** 140-141, 149
**Dee Breger** 293, 303
**Jeremy Burgess** 75, 79, 91, 93, 349, 389, 415, 417,
**CDC/C. Goldsmith/J. Katz/S. Zaki** 55
**Clouds Hill Imaging Ltd** 87
**CMEABG-UCBL1, ISM** 227
**CNRI** 49
**Michael W. Davidson** 321
**John Durham** 77
**Eye of Science** 15, 39, 41, 43, 45, 53, 65, 67, 71, 81, 95, 97, 119, 121, 123, 125, 135, 137, 159, 173, 221, 243, 247, 267, 269, 271, 285, 289, 295, 306-307, 309, 315, 327, 347, 351, 355, 357, 359, 367, 369, 375, 379, 387, 393, 395, 401, 407, 419, 423
**Gary Gaugler** 339, 341, 343
**Steve Gschmeissner** 19, 21, 33, 56-57, 63, 69, 83, 85, 99, 101, 103, 133, 151, 161, 163, 167, 169, 171, 177, 179, 181, 183, 193, 195, 199, 207, 209, 211, 215, 217, 219, 223, 225, 229, 231, 235, 240-241, 249, 251, 261, 277, 279, 281, 291, 301, 305, 313, 335, 345, 377, 383, 397
**Hewlett-Packard Laboratories** 421
**Manfred Kage** 2-3, 6-7, 9, 11, 13, 23, 25, 27, 29, 31, 59
**Kenneth Libbrecht** 311
**David McCarthy** 35, 129, 131, 233, 323, 325, 363, 385
**P. Motta/Dept. of Anatomy/„La Sapienza"-Universität, Rom** 185, 197, 201, 203, 205, 213

**Sidney Moulds** 337
**MPI für Biochemie/Volker Steger** 239
**Gopal Murti** 143
**NIBSC** 37, 47
**Susumu Nishinaga** 73, 105, 111, 113, 115, 117, 165, 175, 189, 253, 283, 287, 352-353, 371, 391, 399, 413
**François Paquet-Durand** 237
**Alfred Pasieka** 317
**Steve Patterson** 51
**David Scharf** 139, 273, 319, 331
**Science Photo Library** 365
**Sinclair Stammers** 245
**Volker Steger** 259, 275, 381
**Volker Steger/Christian Bardele** 17
**Miodrag Stojkovic** 153
**Andrew Syred** 61, 107, 109, 127, 187, 191, 255, 257, 263, 265, 297, 299, 329, 333, 361, 373, 403, 405, 409, 411
**Keith Wheeler** 89
**Torsten Wittmann** 145, 147, 155, 157

Cover:
Vorderseite: **Manfred Kage**;
Rückseite: **Andrew Syred** (Ameise mit Mikrochip),
**Eye of Science** (Nanoroboter-Modell)